钱学森论建筑科学

（第二版）

Qian Xuesen on Architectural Science
（The Second Edition）

顾孟潮　编

Edited by Gu Mengchao

中国建筑工业出版社
China Architecture & Building Press

图书在版编目(CIP)数据

钱学森论建筑科学/顾孟潮编. —2 版. —北京：中国
建筑工业出版社，2014.8
　ISBN 978-7-112-17052-4

Ⅰ. ①钱… Ⅱ. ①顾… Ⅲ. ①建筑学—研究 Ⅳ. ①TU-0

中国版本图书馆 CIP 数据核字(2014)第 150218 号

　　责任编辑：吴宇江
　　责任设计：李志立
　　责任校对：姜小莲　刘梦然

钱学森论建筑科学(第二版)

Qian Xuesen on Architectural Science（The Second Edition）
顾孟潮　编
Edited by Gu Mengchao
　　　*
中国建筑工业出版社出版、发行(北京西郊百万庄)
各地新华书店、建筑书店经销
北 京 天 成 排 版 公 司 制 版
北京中科印刷有限公司印刷
　　　*
开本：880×1230 毫米　1/32　印张：8⅛　字数：240 千字
2014 年 11 月第二版　　2014 年 11 月第二次印刷
定价：**28.00** 元
ISBN 978-7-112-17052-4
　　(25230)

本书收入了钱学森有关建筑科学的主要论述，同时也收入了钱学森论述复杂巨系统理论及其方法论、地理科学、环境系统工程、生态经济、马克思主义哲学和文艺学、技术美学等相关内容。第二版增补了钱学森的有关通信（64封）和著作文献（21项）、论文篇目（15项）。全书对于深入学习和研究钱学森的建筑科学思想有着重要的理论参考价值和历史文献史料价值。

本书可供广大建筑科学工作者、城市规划师、建筑师、城市管理人员以及广大建筑院校师生学习参考。

论钱学森关于建筑科学的五个理论(代序)

顾孟潮

一、前言

钱学森，20 世纪的科学巨匠，他在建筑科学领域也颇有建树，他为建筑科学作出了开拓性的贡献。

钱学森明确地为建筑科学大部门定位，为建筑科学体系定位；他为建筑科学贡献了一种未来城市发展模式——山水城市；他为建筑科学确立了三个领头学科——建筑哲学、城市学和园林学。

追溯钱学森建筑科学思想发展的历程，笔者将其分为四个阶段，即思想孕育阶段(1958～1990 年)，概念形成阶段(1990～1993 年)，理论发展和推动实施阶段(1993～1996 年)，理论升华阶段(1996 年至今)[①]。

钱学森十分重视基础理论，十分重视领头学科对于整个学科的理论创新、源头创新的带头作用。在钱学森的科学活动的每一个时期，对研究的每一个科学对象，他都是始终如一地按照实践—理论—实践的思维规律进行的。

笔者曾将 6000 年的建筑价值观念变迁过程划分为六个里程碑时代[②]，即实用建筑学时代、艺术建筑学时代、机器建筑学时代、空间建筑学时代、环境建筑学时代和生态建筑学时代。其中每一个时代都有其突出代表人物，如实用建筑学时代的维特鲁威，艺术建

---

① 顾孟潮. 论钱学森与山水城市和建筑科学 [J]. 建筑学报，2000(7)：12-13.
② 顾孟潮. 急需用"三论"武装我们的头脑 [J]. 建筑学报，1985(4)：17-18.

筑学时代的米开朗琪罗、拉斐尔、达·芬奇，机器建筑学时代的勒·柯布西耶，空间建筑学时代的布鲁诺·赛维等。

这些各个时代的代表人物，以其代表时代的建筑哲学思想或以其代表时代的作品，为建筑科学的发展作出了里程碑式的贡献，在各个时代推动了建筑科学技术与艺术的发展。

杰出科学家钱学森以其对建筑科学的卓越贡献，在20世纪的建筑科学发展史上也书写了他的精彩华章。

二、建立一个大科学部门——建筑科学

钱学森说："要迅速建立建筑科学这一现代科学技术大部门，并用马克思主义哲学为指导，以求达到豁然开朗的境地。我想这是社会主义中国建筑界、城市科学界同志的不可推卸的责任。请考虑。"他呼吁："现代科学技术体系中再加一个新的大部门，第十一个大部门：建筑科学。"[①②③]

钱学森详细论述了建筑科学体系的层次结构，他说建筑科学"要包括的第一层次是真正的建筑学，第二层次是建筑技术性理论，包括城市学，第三层次是工程技术，包括城市规划。三个层次，最后是哲学的概括"（表1）[④]。

建筑科学的层次 表1

马克思主义哲学——人认识客观和主观世界的科学	哲　　学
建筑哲学	桥　　梁
建筑学	基础理论
现在的建筑学及城市学	技术科学
现在的建筑设计及城市规划	工程技术

① 钱学森. 哲学 建筑 民主 [M]//论山水城市与建筑科学. 北京：中国建筑工业出版社，1999.

② 钱学森. 1996年7月21日给顾孟潮的信 [M]//论山水城市与建筑科学. 北京：中国建筑工业出版社，1999.

③ 钱学森. 1996年6月23日给顾孟潮的信 [M]//论山水城市与建筑科学. 北京：中国建筑工业出版社，1999.

④ 钱学森. 1996年7月21日给顾孟潮的信 [M]//论山水城市与建筑科学. 北京：中国建筑工业出版社，1999.

钱学森认为，在建筑科学特有的结构层次中，建筑哲学(包括宏观建筑与微观建筑)是通向马克思主义哲学的桥梁。

钱学森主张："我们有 5000 年的文明史，一定要用历史的观点来看问题，要看到人以及人所需要的建筑。建立一个大的科学部门，不只是一两门学科。"①

钱学森的这一理论是他总览科学历史文化，经过多年思考与探索逐步完成的。

1982 年，钱学森提出将建筑列入文学艺术大部门②；1983 年，钱学森提出在我国建立园林学③；1985 年，钱学森提出建立城市学④；1990 年，钱学森提出未来城市发展模式——山水城市⑤；1994 年，钱学森提出要重视建筑哲学在建筑科学体系中的领头作用⑥；1996 年，钱学森提出建筑科学技术体系及建立建筑科学大部门的问题⑦；1998 年，钱学森提出宏观建筑与微观建筑概念⑧。

在此之前，钱学森对现代科学技术体系曾有一个构想，他认为这个体系应包括：马克思主义哲学及十架桥梁和十大科学技术部门：自然科学、社会科学、系统科学、数学科学、思维科学、人体科学、行为科学、军事科学、地理科学、文艺理论等。1996 年，钱学森正式将建筑科学列入他的现代科学技术体系的整体构想图

① 顾孟潮. 建筑哲学概论(本体论) [M]//论山水城市与建筑科学. 北京：中国建筑工业出版社，1999.

② 钱学森. 科学技术现代化一定要带动文学艺术现代化 [M]//科学的艺术与艺术的科学. 北京：人民文学出版社，1994.

③ 钱学森. 园林艺术是我国创立的独特艺术部门 [M]//论城市学与山水城市. 北京：中国建筑工业出版社，1994.

④ 钱学森. 关于建立城市学的设想 [M]//论城市学与山水城市. 北京：中国建筑工业出版社，1994.

⑤ 钱学森. 1990 年 7 月 31 日给吴良镛的信 [M]//论城市学与山水城市. 北京：中国建筑工业出版社，1994.

⑥ 钱学森. 1994 年 11 月 4 日给顾孟潮的信 [M]//论城市学与山水城市. 北京：中国建筑工业出版社，1994.

⑦ 钱学森. 哲学 建筑 民主 [M]//论山水城市与建筑科学. 北京：中国建筑工业出版社，1999.

⑧ 钱学森. 1998 年 5 月 5 日给顾孟潮、鲍世行的信 [M]//论宏观建筑与微观建筑. 杭州：杭州出版社，2001.

中，成为第十一个大科学部门（图 1）[1]。

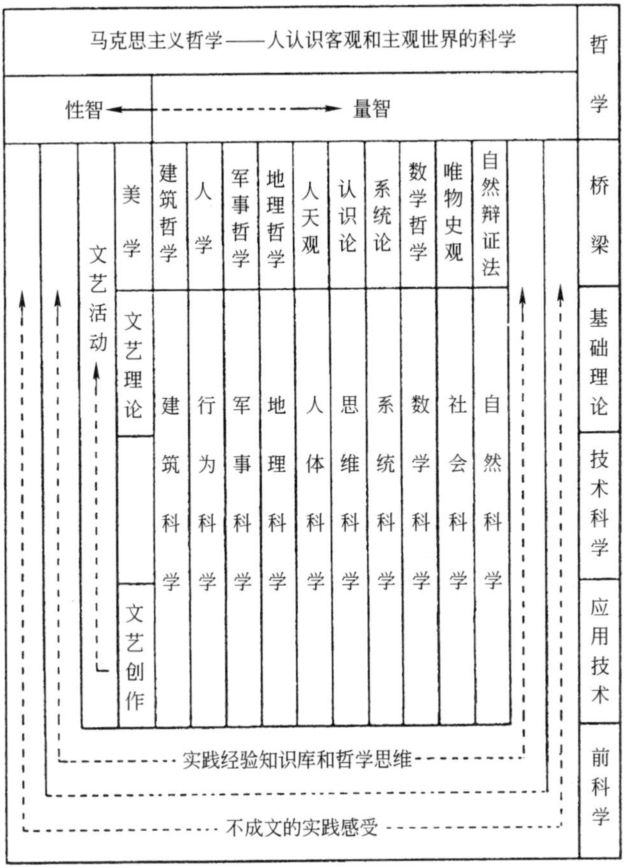

	哲学
马克思主义哲学——人认识客观和主观世界的科学	哲学
性智 ←----→ 量智	哲学
美学　建筑哲学　人学　军事哲学　地理哲学　人天观　认识论　系统论　数学哲学　唯物史观　自然辩证法	桥梁
文艺活动　文艺理论　建筑科学　行为科学　军事科学　地理科学　人体科学　思维科学　系统科学　数学科学　社会科学　自然科学	基础理论／技术科学／应用技术
文艺创作	
----- 实践经验知识库和哲学思维 -----	前科学
----- 不成文的实践感受 -----	

图 1　现代科学技术体系构想

笔者认为，钱学森为建筑科学大部门定位的理论，有几点是十分重要的。

钱学森在定位理论中，对建筑科学在人类文化中的作用给予了充分的肯定。他把建筑科学与自然科学、社会科学等大部门并列，作为第十一大部门列入了现代科学技术体系，在建筑科学中具有突

① 李瑞环. 城市建设随谈 [M]. 天津：天津社会科学院出版社，1989.

破性的意义。

钱学森把建筑科学置于现代科学技术体系的全体之中，从现代科学技术体系的全局来理解建筑科学，他强调科学是个整体，它们之间是互相联系的，而不是相互分割的。这样，建筑科学就不再是一个孤立的、与其他大部门割裂的部门。由于广泛地汲取了其他大部门的学术营养，促进了建筑科学这个大部门的发展，使建筑科学成为一门生机勃勃的学科。

在如何划定建筑科学的层次这个问题上，钱学森明确把建筑科学划分为基础理论、技术科学和应用技术这三个层次。他对划分的原则作了如下的说明："由于人认识客观世界是为了改造客观世界，我们划分层次可以按照是直接改造客观世界，还是比较间接地联系到改造客观世界的原则来划分。"就是分为间接改造客观世界的理论层次——基础理论层次，直接改造客观世界的工程技术——应用技术层次和介乎这两者之间的技术科学层次的原则[①]。

钱学森把建筑科学视为一个科学与艺术相融合的大部门，他说："这一大部门学问是把艺术和科学糅在一起的，建筑是科学的艺术，也是艺术的科学。"[②]

在为建筑科学体系定位时，钱学森十分重视建筑哲学在建筑科学中的作用，他指出："建筑哲学就是要用马克思主义的世界观和方法论来认识建筑，是要用辩证唯物主义和历史唯物论的观点和方法来看待问题，是要解决为谁服务的根本问题。建筑哲学是建筑科学通向马克思主义哲学的桥梁。"[③] 他强调："真正的建筑哲学应该研究建筑与人、建筑与社会的关系。"[④]

---

① 钱学森. 1998年5月5日给顾孟潮、鲍世行的信 [M]//论宏观建筑与微观建筑. 杭州：杭州出版社，2001.

② 钱学森. 1996年7月21日给顾孟潮的信 [M]//论山水城市与建筑科学. 北京：中国建筑工业出版社，1999.

③ 钱学森. 1996年6月23日给顾孟潮的信 [M]//论山水城市与建筑科学. 北京：中国建筑工业出版社，1999.

④ 钱学森. 哲学 建筑 民主 [M]//论山水城市与建筑科学. 北京：中国建筑工业出版社，1999.

钱学森在他的建筑理论中提出了宏观建筑与微观建筑的理念，这是建筑科学思想的深化与升华。钱学森说："我近日想到一个问题是如何把建筑和城市科学统归于我们所说的'建筑科学'，我建议将城市科学改称为宏观建筑，而现在通称的建筑改称为微观建筑。"[1] 钱学森在理顺建筑科学内的层次关系时，具体界定了建筑科学技术体系之中的建筑科学定义的内涵和外延，这是对建筑科学基础理论研究做的又一突破性的工作。

钱学森对建筑科学的定位理论有以下几点意义：

（1）首创性。钱学森的建筑科学"定位"理论大大提高了建筑科学的学科地位，大大开拓了建筑科学的视野和领域，把建筑科学的研究提高到前所未有的高度，使社会各界对建筑科学在人类文化发展中的地位和作用有了新的思考和认识。

（2）奠基性。钱学森的建筑科学"定位"理论，对整个建筑科学的发展具有奠基性的意义，它给了人们一个新的关于建筑科学理论体系思维的总框架，从这一总框架出发，将会大大地开拓建筑科学理论的思维空间。

（3）示范性。钱学森的建筑科学"定位"理论是从现代科学技术体系整体思维出发而界定的。钱学森对待建筑科学对象，是把还原观与系统观结合起来，既重视还原分析也重视系统综合地处理建筑科学这一科研对象，这对于我们从事建筑科学的研究具有示范性的方法论意义。

（4）开放性。钱学森的建筑科学"定位"理论，具有开放性的意义，他的建筑总框架的提出，需要有更多有志于这一事业的人进行接力式地研究，采取学术民主的、百家争鸣的、平等讨论的方式进行研讨。在这方面钱学森是这样主张的，他本人也是这样身体力行的。

三、建筑科学的 "最高台阶"——钱学森为建筑哲学定位[2]

1994 年 11 月 4 日，钱学森建议在我国高等院校的建筑学专业

---

① 钱学森. 1998 年 5 月 5 日给顾孟潮、鲍世行的信 [M]//论宏观建筑与微观建筑. 杭州：杭州出版社, 2001.

② 钱学森. 我看文艺学 [M]//科学的艺术与艺术的科学. 北京：人民文学出版社, 1994.

开设建筑哲学课①。他认为，建筑哲学是建筑科学的领头学科。

明确建筑哲学在建筑科学的领头地位，用建筑哲学带动建筑科学的进步，是钱学森建筑科学思想的又一重要理论。

分析钱学森的建筑科学思想可以看到，建筑哲学、城市学和园林学，这三者是钱学森为建筑科学大部门定位的三大理论基石。认识和把握这三大理论基石，认识和把握钱学森建筑科学体系的整体构思，是达到钱学森所说的"对建筑科学认识的豁然开朗的境界"的前提。

今天建筑界的现状离钱学森的愿望相距甚远，建筑理论被普遍忽视。不少人认为，建筑不就是盖盖房子吗？砖瓦泥沙石里有什么建筑哲学？这种见物不见人，见技术不见思想的观念也是建筑界长期裹足不前的原因。

因此，长期以来，我国并未形成自己的建筑理论，有人把建筑当作房子，有人把建筑当作绘画，有人把建筑当作雕塑，有人把建筑当作住人的机器，当作空间艺术等等，对建筑有各种解释，就是不把建筑当作"建筑"。

钱学森一针见血地指出："建筑真正的科学基础要讲环境。"②

这符合"华沙宣言"的精神。1981年国际建筑师协会第14次世界建筑师大会通过的"华沙宣言"就曾明确指出："建筑学是为人类建立生活环境的综合艺术和科学。"③

这也符合老百姓千百年来对居住环境的期望。我国明代学者文震亨早在400年前就憧憬着居住环境应达到的"三忘"境界，即"令居之者忘老，寓之者忘归，游之者忘倦"④。

强调建筑哲学的领头地位会对建筑科学起到什么样的作用呢？

建筑哲学是对建筑科学技术的哲学的概括，它从总体上把握着建筑科学的本质和特点。

---

① 钱学森. 1994年11月4日给顾孟潮的信［M］//论城市学与山水城市. 北京：中国建筑工业出版社，1994.

② 钱学森. 哲学 建筑 民主［M］//论山水城市与建筑科学. 北京：中国建筑工业出版社，1999.

③ 许溶烈，张钦楠，顾孟潮，等. 建筑师职业信息手册. 郑州：河南科学技术出版社，1993.

④ ［明］文震亨. 长物志［M］.

建筑哲学又是马克思主义哲学在建筑科学中的具体运用，它体现着哲学对各大科学部门的指导作用和带头作用。

笔者曾绘制一个图表（图2，此图得到了钱学森的首肯），从此图表中可看清建筑哲学在建筑科学体系中的位置。

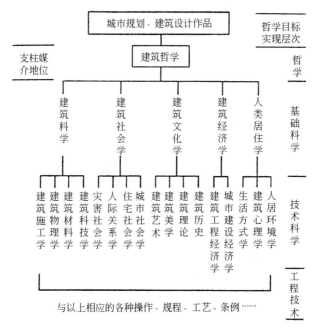

图2　建筑科学技术体系图

钱学森多次表明他的建筑哲学观念。他说："建筑哲学是建筑科学技术大系统中的带头学科，是建筑科学技术体系大系统中最高哲学概括和最高台阶。"[1]

钱学森多次强调建筑哲学的重要性，他认为建筑哲学既是科技哲学，又是艺术哲学和社会哲学，它对整个建筑科技体系的建构和发展同样具有桥梁作用、带头作用。

钱学森多次明确指出，用建筑哲学指导建筑科学，是用马克思

---

① 钱学森. 哲学 建筑 民主［M］//论山水城市与建筑科学. 北京：中国建筑工业出版社，1999.

主义哲学指导建筑科学发展的必由之路。他说："我一直强调马克思主义哲学——辩证唯物主义的指导意义，所以在建筑科学概括为建筑哲学之上还有马克思主义哲学。"①建筑哲学作为通向马克思主义哲学的桥梁，是从整体上对建筑科学体系过程的概括和基本把握。这决定了建筑哲学有丰富内容和哲理的深度。

钱学森多次明确表示要坚定不移地用马克思主义哲学指导建筑工作的决心，他说："在人生观、世界观上，通过建筑哲学这个'桥梁'到达马克思主义哲学这个'最高台阶'。如果我们学好建筑哲学，从事建筑科学技术与艺术工作的朋友们可以开阔视野，在具体工作中，会把一个城市作为一个整体考虑，作为一个复杂的开放的巨系统来对待，而不要只'见树木'(建筑物)不见森林(整体城市)。"②

钱学森针对叶树源教授的建筑哲学观，进一步分析了建筑哲学在建筑科学体系中的层次关系。

他在给叶树源教授的信中说："非常感谢您赐尊作《建筑与哲学观》，我读后深受启示！我只是建筑科学技术的外行人，现在下面讲点读后所思，向您请教。

（1）我想尊作实际阐明了建筑是什么，建筑与人的关系，对建筑空间所应具备的效果也界定了。因此与其讲这是建筑的哲学观，不如说此书是讲建筑科学技术的基础理论，真正的建筑学。按我对现代科学技术体系的理解，这是基础理论层次的学问。

（2）在基础理论层次下面的一个层次是技术性的科学，即工程技术所需要的直接指导性学问。在建筑科学技术部门，这就是现在人们称为'建筑学'的学问，以及城市科学等。

（3）在建筑科学技术部门下一个层次的、第三层次的学问，那就是设计构造具体的建筑了，即建筑设计。

（4）在建筑科学技术部门，除了这三个层次的学问外，还应该

---

① 许溶烈，张饮楠，顾孟潮，等. 建筑师职业信息手册［M］. 郑州：河南科学技术出版社，1993.

② 钱学森. 1995年10月26日给顾孟潮的信［M］//论宏观建筑与微观建筑. 杭州：杭州出版社，2001.

有个总的概括：对建筑用什么指导思想——唯心主义？唯物主义？辩证唯物主义？历史唯心主义？历史唯物主义？这门学问才是真正的建筑哲学。"①

钱学森的建筑哲学思想有哪些实际意义呢？

钱学森关于建筑哲学在建筑科学发展上带头作用的定位，关于必须加强建筑哲学的研究和普及的呼吁，对建筑界来说是切中要害的，是非常及时的。我们必须形成具有中国特色的建筑理论，形成具有中国特色的建筑科学技术体系，中国的建筑事业才能得到发展。

钱学森关于建筑哲学是建筑科学的最高台阶，是通向马克思主义哲学的桥梁等论述，使我们对建筑哲学在转变人们观念上的重要作用有了新的认识。

过去我们讲建筑常常进入见物不见人，更不见思想的误区，往往只是单纯模仿现有的建筑作品，建筑院校在讲建筑史、研究建筑理论时，也往往只是侧重建筑形式的研究。而对产生这些风格和流派的思想、观念、哲学基础重视不够。

观念的转变是根本的转变，由于建筑哲学是研究建筑本质、建筑价值观和建筑方法论的，所以，它对于人的建筑观念的转变有着决定性的作用。

钱学森关于建筑哲学要研究建筑与人，研究建筑与社会的论述，大大拓展了我们的思维空间。明确建筑哲学的研究对象与目的，这些有利于改变建筑界软科学研究（包括基础理论、建筑理论、建筑评论）的落后局面，改变建筑学科林立、群龙无首的局面，改变建筑学现有学科停滞不前的状态。特别是钱学森宏观建筑与微观建筑观念的提出，更有利于建筑科学大部门整体的形成，有利于建筑科学体系整体的建构。

钱学森关于建筑哲学在现代科学技术体系中的定位，使我们对建筑哲学的本质特点认识更为清晰，使我们在研究建筑哲学时更明

---

① 钱学森. 1996 年 5 月 7 日给叶树源的信［M］//论山水城市与建筑科学. 北京：中国建筑工业出版社，1999.

了它的复杂性、重要性、开放性，明确了建筑哲学要向社会哲学和艺术哲学吸收营养。科学发展史表明，跨学科的研究是新学科的生长点，许多建筑科学的新学科都是在学科边缘上产生的。

面对钱学森在建筑院校开设建筑哲学课的呼吁，我们痛感研究建筑哲学和形成建筑哲学研究队伍的迫切性。

我国的建筑理论界对建筑哲学的研究，目前只是起步阶段，只有一些零星的科研成果，没有形成完整的理论体系，更没有相应的建筑哲学理论队伍，这种状况亟待改变。

四、"不到园林，怎知春色如许"——钱学森园林学理论[①]

1958 年 3 月 1 日，钱学森归国不久，便在《人民日报》发表题为《不到园林，怎知春色如许——谈园林学》的文章，称赞"我国的园林学是祖国文化遗产里的一颗明珠"，"我们应该更广泛地和更深刻地来考虑发展我国园林学的问题"。

26 年后的 1983 年 6 月，钱学森又发表了《再谈园林学》的文章[②]，文章中他把我国园林空间分成不同的观赏层次，对不同的观赏层次空间他都给以定性定量的科学分析，这些创造性的论述令人惊叹。

钱学森曾将他在建设部第一期市长研究班上的讲话内容整理成文，用"园林艺术是我国创立的独特艺术部门"的题目发表[③]。显然，钱学森寄希望于中国分管城市建设的市长们，希望他们都能参与和推动中国的园林研究与建设。

1990 年，钱学森又提出"中国的山水诗词，中国古典园林建筑和中国的山水画融合在一起，创立山水城市的概念"[④]，提出

---

① 钱学森. 不到园林，怎知春色如许——谈园林学 [M]//论城市学与山水城市. 北京：中国建筑工业出版社，1994.

② 钱学森. 再谈园林学 [M]//论城市学与山水城市. 北京：中国建筑工业出版社，1994.

③ 钱学森. 园林艺术是我国创立的独特艺术部门 [M]//论城市学与山水城市. 北京：中国建筑工业出版社，1994.

④ 钱学森. 1990 年 7 月 31 日给吴良镛的信 [M]//论城市学与山水城市. 北京：中国建筑工业出版社，1994.

"把整个城市建成为一座超大型园林"①。

钱学森在园林学方面的理论贡献主要表现在以下几个方面：

1. 科学界定了中国园林艺术的概念

钱学森说："我认为我们对'园林'、'园林艺术'要明确一下含义；明确园林和园林艺术是更高一层的概念，landscape、gardening、horticulture 都不等于中国的园林，中国的'园林'是他们三个方面的综合，而且是经过扬弃，达到更高一级的艺术产物。"② "外国的 landscape、gardening、horticulture 三个词，都不是'园林'的相对字眼，我们不能把外国的东西与中国的'园林'混在一起。"③

2. 中国园林是我国创立的独特艺术部门

钱学森论证了中国园林是"世界园林之母"、"花园之母"，提出了既要继承又要创新的中国园林发展方向。他多次盛赞祖国的园林："我国的园林学是祖国文化遗产里的一颗明珠。"④ "我国号称'花园之母'，名园遍及全国各地，为世人所称颂。"⑤ "中国园林艺术是祖国的珍宝，有几千年的辉煌历史。"⑥

他郑重地建议："要认真研究中国园林艺术，并加以发展。我们可以吸取有用的东西为我们服务。"⑦

3. 中国园林学是与建筑学占有同等地位的一门美术学科

钱学森说："我国园林的特点是建筑物有规则的形状和山岩、

---

① 钱学森. 1992 年 10 月 2 日给顾孟潮的信［M］//论城市学与山水城市. 北京：中国建筑工业出版社，1994.

② 钱学森. 园林艺术是我国创立的独特艺术部门［M］//论城市学与山水城市. 北京：中国建筑工业出版社，1994.

③ 钱学森. 园林艺术是我国创立的独特艺术部门［M］//论城市学与山水城市. 北京：中国建筑工业出版社，1994.

④ 钱学森. 不到园林，怎知春色如许——谈园林学［M］//论城市学与山水城市. 北京：中国建筑工业出版社，1994.

⑤ 钱学森. 再谈园林学［M］//论城市学与山水城市. 北京：中国建筑工业出版社，1994.

⑥ 钱学森. 园林艺术是我国创立的独特艺术部门［M］//论城市学与山水城市. 北京：中国建筑工业出版社，1994.

⑦ 钱学森. 园林艺术是我国创立的独特艺术部门［M］//论城市学与山水城市. 北京：中国建筑工业出版社，1994.

树木等不规则的形状的对比；在布置里有疏有密，有对称也有不对称，但是总的来看却又是调和的。也可以说是平衡中有变化，而变化中又有平衡，是一种动的平衡。在这一方面，我们也可以用我国的园林比我国传统的山水画或花卉画，其妙在像自然又不像自然，比自然有更进一层的加工，是在提炼自然美的基础上又加以创造。"

"世界上其他国家的园林，大多以建筑物为主，树木为辅；或是限于平面布置，没有立体的安排。而我国的园林是以利用地形、改造地形，因而突破平面；并且我们的园林是以建筑物、山岩、树木等综合起来达到它的效果的。如果说别国的园林是建筑物的延伸，他们的园林设计是建筑设计的附属品，他们的园林学是建筑学的一个分支；那么，我们的园林设计比建筑设计要更带有综合性，我们的园林学也就不是建筑学的一个分支，而是与它占有同等地位的一门美术学科。"[①]

4. 科学界定了定量定性研究园林学、分析园林空间的方法

钱学森说："园林可以有若干不同观赏层次。从小的说起，第一层次是我国的盆景艺术，观赏尺度仅几十厘米；第二个层次是园林里的窗景，如苏州园林的漏窗外小空间的布景，观赏尺度是几米；第三个层次是庭院园林，像苏州拙政园、网师园那样的庭院，观赏尺度是几十米到几百米；第四层次是像北京颐和园、北海那样的园林，观赏尺度是几公里；第五层次是风景名胜区，像太湖、黄山那样的风景区，观赏尺度是几十公里。有没有第六层次？也就是几百公里范围大的风景游览区？像美国的所谓国家公园？从第一层次的园林到第六层次的园林，从大自然的缩影到大自然的名山大川，空间尺度跨过了六个数量级，但也有共性。从科学理论上讲，都是园林学，都统一于园林艺术的理论中。"[②]

为了更清楚地说明钱学森的关于中国园林空间层次的理论，笔

① 钱学森. 不到园林，怎知春色如许——谈园林学 [M]//论城市学与山水城市. 北京：中国建筑工业出版社，1994.

② 钱学森. 再谈园林学 [M]//论城市学与山水城市. 北京：中国建筑工业出版社，1994.

者绘制了表2①。

园林景观不同景观层次、景观尺度及其观赏特征　　表2

景观层次	景观内容	景观尺度	观赏特征
第一层次	盆景艺术	几十厘米	神游、静观
第二层次	园林里的窗景	几米 几米至几百米	站起来、移步换景
第三层次	庭院园林	（拙政园、网师园）	漫步、闲庭信步
第四层次	北京颐和园、北海	几公里	走走路、划划船，花上大半天甚至一天
第五层次	风景名胜区	几十公里	乘交通工具（毛驴、汽车），多建有公路
第六层次	风景旅游区	几百公里（如美国国家公园）	不但设公路，更有直升机等

5. 科学界定了建筑学与园林学的类似与区别

钱学森强调用现代自然科学知识、工程技术知识和美术知识提高我国园林设计水平。钱学森说："园林学也有和建筑学十分类似的一点，这就是两门学问都是介乎美的艺术和工程技术之间的，是以工程技术为基础的美术学科。要造湖，就得知道当地的水位、土壤的渗透性、水源流量、水面蒸发量等；要造山，就得有土力学的知识，知道在什么情形下需要加墙以防塌陷。我们要造林育树，就得知道各树种的习性和生态②。譬如过去我国因限于技术水平，园林里很少有喷泉，今后我们的园林可以设置流动的水，但不能照抄外国的建筑艺术，那是低一级的东西，没有上升到像中国园林艺术那样的高度。"③"总之，园林设计需要有关自然科学以及工程技术的知识，我们也许可以称园林专家为美术工程师吧。"④

6. 山水城市的未来发展模式

钱学森把中国古代园林精华应用于当代中国的城市建设实践之

① 顾孟潮. 走向环境艺术 [J]. 南方建筑，2002(3)：1-6.

② 钱学森. 不到园林，怎知春色如许——谈园林学 [M]//论城市学与山水城市. 北京：中国建筑工业出版社，1994.

③ 钱学森. 园林艺术是我国创立的独特艺术部门 [M]//论城市学与山水城市. 北京：中国建筑工业出版社，1994.

④ 钱学森. 不到园林，怎知春色如许——谈园林学 [M]//论城市学与山水城市. 北京：中国建筑工业出版社，1994.

中，他说："中国园林虽然在过去的岁月里是为封建主们服务的，但是在新时代中它一样可以为广大人民服务，美化人民的生活。而且实际上我们国家正在进行大规模的建设，其中也包括了不少人民文化休息的场所；但有的园林也有部分在改建。"① "各地新建的公园、庭园、花园、动物园、植物园和风景名胜区，以及其他一些公共游乐场所，都突破了旧社会园林为少数人享乐的框框，走向为广大人民群众服务的广阔天地。"② 把整个城市建成一座超大型园林的山水城市，这是钱学森的美好愿望，也是我们的美好愿望。

五、"开放的复杂巨系统"——钱学森城市学理论③

城市学(urbanology)这一术语，最早是由先驱城市思想家、苏格兰生物学家格迪斯(Patrck Geddes)所创。1915 年他的杰出著作《进化中的城市》(Citiesin Evolution)出版。城市科学是自然科学和社会科学、基础科学和应用科学的有机结合，是以城市为研究对象的综合性学科。城市科学主要研究城市发展中宏观的、战略的综合性问题。现阶段则着重研究城市发展规律和道路，研究城市在国民经济中的地位和作用等重大问题。

数十年来，国内外学术界对于是否建立城市学是存在着争议的。有人认为，城市学作为一门以研究城市为对象的明确的独立学科业已形成；也有人认为，对城市目前还只能进行多学科的综合研究。如果要成为一门独立的学科，除对象明确之外，还需要有本学科的基本理论、研究方向和研究方法。而城市学在这些方面都还不具备，或说不成熟；还有人认为，城市本质上是不断变化的，不存在终极真理，单一学科无法揭示其内在规律④。

钱学森认为："城市科学研究会要研究全部有关城市的科学。这

---

① 钱学森. 不到园林，怎知春色如许——谈园林学 [M]//论城市学与山水城市. 北京：中国建筑工业出版社，1994.

② 钱学森. 再谈园林学 [M]//论城市学与山水城市. 北京：中国建筑工业出版社，1994.

③ 钱学森. 1994 年 2 月 23 日给顾孟潮的信 [M]//论宏观建筑与微观建筑. 杭州：杭州出版社，2001.

④ 杨国璋. 当代新学科手册 [M]. 上海：上海人民出版社，1985.

里学科繁多，有城市建筑学、城市道路学、城市通信学、城市环境美学等等。各方专家可以分头去研究，但应当有个牵头的理论学科，不然怎么汇总？"这门理论学科是我以前提出的'城市学'，研究一个大城市，一个小城市以及一个乡镇的整体功能和发展的学问。"①

钱学森在其"关于建立城市学的设想"一文中，提出他设想的城市科学体系。他写道："所有的科学技术都是这样分为三个层次，一个层次是直接改造世界的，另一个层次是指导这些改造客观世界的技术，再有一个是更基础的理论。在我们这方面就是从城市规划—城市学—数量地理学这样一个城市的科学体系，我们要搞好城市建设规划发展战略就有必要建立这样一个科学体系。"②

钱学森不同意国外现有的一些人的城市学概念，他说："因为新观点的'城市学'尚在初创概念，还不十分明确，洋人又有什么urbanology来干扰，所以写'城市学'确有许多困难！"③

关于建立城市学设想的主要内容，钱学森在一封信中作了如下扼要的说明④：

城市学应是各门城市科学的理论基础，所以层次要高一些；

城市学首先要讲城市体系，即一个国家的居民集中点和小区的分布和相互关系，因而是个体系；

要树立新概念的城市学，就必须清理思想，对过去城市建设中的自发性、盲目性及主观主义要用马克思主义的洞察力来批判，当然我们承认，过去有时代的局限性，想不到关系全社会的城市学概念，但今天还能再糊涂下去吗；

城市学也要分清现代社会中各种功能不同的城市类别，研究每一类别城市的特点。

---

① 钱学森. 1991 年 4 月 27 日给鲍世行的信［M］//论城市学与山水城市. 北京：中国建筑业出版社，1994.
② 钱学森. 关于建立城市学的设想［M］//论城市学与山水城市. 北京：中国建筑工业出版社，1994.
③ 钱学森. 1991 年 12 月 16 日给梅保华的信［M］//论城市学与山水城市. 北京：中国建筑工业出版社，1994.
④ 钱学森. 1991 年 12 月 16 日给梅保华的信［M］//论城市学与山水城市. 北京：中国建筑工业出版社，1994.

在城市学的研究上，钱学森有五个强调[1]。强调理论探索的重要性。

1. 钱学森关注城市学理论的讨论和建设

钱学森在《关于建立城市学的设想》一文中，开宗明义地讲："我觉得要解决当前复杂的城市问题，首先要明确一个指导思想——理论。因为按照马克思主义原理，实践是要在理论指导下，理论要联系实际，但必须要有理论。"[2]

钱学森十分关注城市学理论的讨论和建设，1997年，周干峙院士在"城市学"的会议上，提出"用系统工程学的观点来认识城市及其区域"，周院士对城市及其区域作了古今中外大跨度的对比研究，提出了高密度、高度城市化地区的概念以及做好这一种规划的紧迫性，他的观点受到钱学森的赞赏，钱学森认为，周院士"这个发言把城市及其区域作为一个开放的复杂巨系统，颇有新意"。[3]

2. 用辩证唯物主义和历史唯物主义观点看待城市

钱学森认为，要把城市看作是变与不变的统一，即一方面随着科学技术的发展，生产力的提高和社会的进步，城市在成长发展；另一方面，城市的功能又是比较稳定的。也就是说，在研究城市时，需要建立一种功能稳定与迅速发展相统一的理论，即要用辩证唯物主义与历史唯物主义的观点看待城市问题。

3. 用系统科学的观点和方法研究城市

钱学森强调要把现代城市看作是开放的复杂巨系统。所谓"开放的"是指系统本身与系统周围的环境有物质的交换、能量的交换和信息的交换；所谓"巨系统"是指系统包含很多子系统。钱学森认为，开放的、复杂的巨系统有许多层次，研究城市要用从定性到定量综合集成的方法。此外，还要研究城市发展中出现的新事物和

---

① 鲍世行，顾孟潮，涂元季. 钱学森建筑科学思想的由来与发展［M］//论宏观建筑与微观建筑. 杭州：杭州出版社，2001.

② 钱学森. 关于建立城市学的设想［M］//论城市学与山水城市. 北京：中国建筑工业出版社，1994.

③ 钱学森. 1997年1月12日给顾孟潮的信［M］//论山水城市与建筑科学. 北京：中国建筑工业出版社，1999.

新问题，他曾建议开展关于"轿车文明"的讨论，关于"立交桥是现代城市一景"的讨论等，这些建议都是针对当前城市发展中出现的新事物提出的。

4. 强调要重视总结经验

钱学森不仅重视总结国内城市发展中的经验，也重视国外城市发展经验，重视总结对未来城市探索的经验。他说："现在我们要认真总结那种拔地而起，从无到有地建设一座工业城市的经验，这是城市科学的重要内容。"① 他认为正是这些经验"反回来可能充实与深化马克思主义哲学"②。

他指出："我觉得我们今天研究城市学必须看到今天生产力的发展，而且为了搞好规划，还不能光看到今天生产力的发展，还要看到现在的科学革命、技术革命会导致什么样的生产力的发展，也就是说看看这些发展到 21 世纪将会如何。由于通信技术与交通运输技术的发展，人的聚会会达到什么程度？人聚集在一起是为了信息传递和物质运输的方便，但由于通信技术与交通运输技术的发展，这些情况是否会有所变化？"③

钱学森曾推荐巴西西南部 200 万人口的库里蒂巴(Curitiba)的城市经验，并以此启发我们："要走出一条中国自己的城市建设道路来。"④

六、把整个城市建成一座超大型园林——钱学森山水城市理论

钱学森是"山水城市"研究的倡导者，也是山水城市概念的创造者⑤，其山水城市的主要精神是：

---

① 钱学森. 1999 年 6 月 12 日给鲍世行的信 [M]//论宏观建筑与微观建筑. 杭州：杭州出版社，2001.

② 钱学森. 关于建立城市学的设想 [M]//论城市学与山水城市. 北京：中国建筑工业出版社，1994.

③ 钱学森. 关于建立城市学的设想 [M]//论城市学与山水城市. 北京：中国建筑工业出版社，1994.

④ 钱学森. 1996 年 3 月 10 日给鲍世行的信 [M]//论山水城市与建筑科学. 北京：中国建筑工业出版社，1999.

⑤ 钱学森. 1992 年 10 月 2 日给顾孟潮的信 [M]//论城市学与山水城市. 北京：中国建筑工业出版社，1994.

把中国的山水诗词、中国古典园林建筑和中国的山水画融合在一起，使人离开自然又返回自然；

把中国文化和外国文化有机结合在一起，把城市园林与城市森林有机结合在一起。

山水城市是钱学森构筑的 21 世纪中国未来城市的模式。

多年来，山水城市的概念引起国内外城市规划界、建筑界、园林界的广泛重视和讨论，山水城市的理论内涵和外延不断地扩展，不断地深化，钱学森本人对这一理论也不断地有所补充。

钱学森说："山水城市的设想是中外文化的有机结合，是城市园林与城市森林的结合。山水城市不该是 21 世纪的社会主义中国城市构筑的模型吗？我提请我国的城市科学家们和我国的建筑师们考虑。"①

钱学森在一次山水城市讨论会上阐述了他的山水城市概念，他说："我想，既然是社会主义中国的城市，就应该：第一，有中国文化风格；第二，美；第三，科学地组织市民生活、工作、学习和娱乐。所谓中国的文化风格就是吸取传统中的优秀建筑经验，例如吴良镛教授主持的北京菊儿胡同危旧房改建，就吸取旧'四合院'的合理部分，又结合楼房建筑，成为'楼式四合院'，我们可以想象，'楼式四合院'再布上些'老北京'的花卉盆，荷花缸、养鱼缸等等，那该是多么美的庭院啊！"②

"如果说现代高度集中的工作和生活要求高楼大厦，就只有'方盒子'一条出路吗？为什么不能把中国古代园林建筑的手法借鉴过来，让高楼也有台阶，中间布置些高层露天树木花卉？不要让高楼中人，向外一望，只见一片灰黄，楼群也应参差有致，其中有楼上绿地园林，这样一个小区就可以是城市的一级组成，生活在小区，工作在小区，有学校，有商场，有饮食店，有娱乐场所，日常生活工作都可以步行来往，又有绿地园林可以休息，这是把古代帝王所享受的建筑、园林，让现代中国的居民百姓也享受到。这也是苏扬地区

①　钱学森. 社会主义中国应该建山水城市 [M]//论城市学与山水城市. 北京：中国建筑工业出版社，1994.

②　钱学森. 社会主义中国应该建山水城市 [M]//论城市学与山水城市. 北京：中国建筑工业出版社，1994.

一家一户园林构筑的扩大，是皇家园林的提高。中国唐代李思训的金碧山水就要实现了！这样的山水城市将在社会主义中国建起来！"①

1992 年，在给笔者的一封信中，钱学森形象地描绘了他构想的山水城市，他说："要发扬中国园林建筑，特别是皇帝的大规模园林，如颐和园、承德避暑山庄等，把整个城市建成一座超大型园林。我称之为山水城市，人造的山水！"他督促建筑界说："中国建筑学会何不以此为题开个'山水城市讨论会'？"②

1993 年 2 月，在钱学森的倡议下，建设部召开了"山水城市讨论会"，钱学森在这次会议上作了"社会主义中国应该建山水城市"的书面发言，他指出北京城的规划布局和城市风貌要有所改善。他强调城市的总体设计，并具体阐明了他对城市园林、城市森林和山水城市的构想。

钱学森构想的山水城市与一般的城市模式有四个不同③：

（1）出发点不同。山水城市的构想是比较超前的，它的思路是以大自然环境为出发点，对城市化的估量与方式有新的、更宽广的视野。而现在的城市规划与建设基本上是以现状为核心和出发点的，思路比较狭窄。

（2）对象不同。在山水城市的构想中，钱学森认为，规划、设计、建设的对象不应仅仅局限于道路、建筑物等硬件，而应该是包括人、植物、动物、气候等这类软件、弹性件的选择研究设计的复杂系统，因此钱学森强调城市总体设计的重要性。

（3）城市模式不同。山水城市既是生态模式也是人文模式，其目的在于充分发挥自然潜力和人的创造力。

（4）效果不同。提倡山水城市的目的在于最终实现设计与自然的结合，从而达到以最小的成本为人类创造最大的利益。

---

① 钱学森. 社会主义中国应建山水城市［M］//论城市学与山水城市. 北京：中国建筑工业出版社，1994.

② 钱学森. 1992 年 10 月 2 日给顾孟潮的信［M］//论城市学与山水城市. 北京：中国建筑工业出版社，1994.

③ 顾孟潮. 钱老的山水城市构想与城市建筑发展趋势［M］//论城市学与山水城市. 北京：中国建筑工业出版社，1994.

随着山水城市理论的不断明晰及其相关研究的不断深入，山水城市正在由最初的科学构想，逐步成为吸引国内外更多有识之士参与探索的一种关于未来城市模式的理论学说和城市规划建设实践。由于融入了众多专家学者和许多实际工作者的贡献，山水城市理论变得更加丰富和完善。

上海已提出将上海建成山水园林型生态城市的远景规划，重庆确立了建设山水园林城市的基本思路，广州提出把山水园林城市作为城市发展的方向，武汉承诺 5 年内初步建成山水园林城市……

1992 年，建设部在全国范围内开展了创建"国家园林城市"的活动，据 2000 年统计，已有 12 个城市获得此殊荣(表 3)。

已获国家园林城市称号的城市 表 3

年　份	城　市
1992	北京、合肥、珠海
1994	杭州、深圳
1996	中山、威海、马鞍山
1997	大连、南京、厦门、南宁

从理论上，笔者认为山水城市是知识经济时代的城市建设模式，钱学森的山水城市有"四高"、"三性"和"一个基本特色"[①]。

（1）四高——高文化、高技术、高情感、高级生态城市（包括自然生态、社会生态、人的行为心理状态等）。众所周知，水是生命之源，山是长寿之本。"仁者乐山，智者乐水"，"寄情于山水之间"，追求"天人合一"等，这是我们中华民族的优秀传统，也是当今世界各国人们普遍追求的境界。保持生态平衡、保护环境、节约资源和能源等，是可持续发展的时代要求。

（2）三性——科学性、民主性、时代性。钱学森的山水城市观念主张，用现代科学技术，把整个城市建成一座大型园林，让现代中国的居民百姓能享受到"回归自然"、"天人合一"的美好境界。

（3）一个基本特色——钱学森的山水城市的构想具有鲜明的社

---

① 顾孟潮. 山水城市——知识经济时代的城市建设模式 [J]. 南方建筑，2001(1).

会主义中国特色。

山水城市构想的核心，是要建设有利于人的身心，有利于自然生态，有利于社会、经济、科技文化可持续发展的人类城市。这将有助于我们克服城市千城一面，建筑千篇一律，各国全球化趋同的问题。使人与自然、城市、乡村建筑之间的关系，具有共生、共存、共荣、共乐、共雅五大基本特征，即：体现出生态关联的自然性，环境容量的合理性，构成因素的协同性，景观审美的和谐性和文脉发展的承续性。

城市科学和建筑科学的发展史表明，山水城市应当属于一种先进的城市观念和模式，属于可持续发展的城市。历史上曾出现的田园城市、生态城市、绿色城市等等，都是一个时期的产物和实验。而山水城市的概念与构想，既能包容前面那些城市模式的合理部分，又能因地制宜和因时因人而异。

七、结语

钱学森在建筑科学领域开创性的理论贡献，主要表现为五个方面：建筑科学定位理论，建筑哲学定位理论，建立园林学理论，建立城市学理论，建设山水城市理论。

"建筑是科学的艺术，也是艺术的科学，所以搞建筑是了不起的，这是伟大的任务。"[①] ——钱学森热情地激励着我们。

"我们中国人要把这个搞清楚了，也是对人类的贡献。"[②] ——钱学森殷切地期望着我们。

---

① 钱学森. 哲学 建筑 民主 [M]//论山水城市与建筑科学. 北京：中国建筑工业出版社，1999.

② 钱学森. 哲学 建筑 民主 [M]//论山水城市与建筑科学. 北京：中国建筑工业出版社，1999.

建筑科学技术体系的建构基础
——《钱学森论建筑科学（第二版）》前言

建筑学科综合性强，涉及的行业十分广泛，需要多学科、多行业之间相互协调持续实践，才能推动整个建筑学科和行业的科学发展。在这一大背景下，钱学森将建筑科学列入他所构想的现代科学技术体系，强调要研究建筑与人、建筑与社会、建筑与环境的关系，同时，钱学森还提出建立建筑科学大部门这一建筑科学技术体系的建构基础问题，具有极其深刻的意义。

我从以下三点试分析说明：

1. 多年的实践表明，试图用一种机制、一种模式解决建筑大体系的问题是行不通的，建筑科学至今没有一套准确、完整的哲学观念——众说纷纭、各说各理，这是建筑科学长期混乱、徘徊、滞后的主要原因。在建筑科学理念上我们亟须取得共识。

2. 作为建筑学科的三大支柱——建筑学、城市学和园林学，其研究长期陷入流派、风格、手法、应用技术等实用主义之中，将其提高到哲学和战略基础理论的高度来认识应该也是我们的共识，这样才能有所作为，才能切实贯彻"适用、经济、美观"的建筑方针。

3. 建筑学、城市学和园林学有整合的必要，各自独立发展其结果是原本彼此血肉相连大同的专业难于发展。钱学森关于宏观建筑与微观建筑这一提示，具有引领整合建筑科学理论思路的重要参考价值。

笔者编辑《钱学森论建筑科学》（第二版）是在 2010 年该书基

础上的增订。当时因时间紧迫，只收入了钱学森有关建筑的 26 篇论述，这次增补了钱学森的有关通信（64 封）和著作文献（21 项）、论文篇目（15 项），便于读者进一步研究。

顾孟潮
2014 年 8 月改定于北京

第一版前言

为了适应中共中央宣传部《关于广泛深入开展学习宣传钱学森同志活动》中广大建筑界内外读者的需求，在中国人民解放军总装备部和中国建筑工业出版社的大力支持下，作者赶时间编成了《钱学森论建筑科学》一书。

本书扼要介绍了钱学森同志有关建筑科学的学术思想。广泛深入开展学习宣传钱学森同志活动，是党中央、国务院从党和国家事业发展，反映时代要求，顺应人民意愿，高瞻远瞩作出的重要决定，对于深入贯彻落实科学发展观，大力弘扬民族精神和时代精神，推进中华民族伟大复兴，具有十分重要的意义。

2010 年 10 月 31 日，是享誉海内外的杰出科学家钱学森逝世 1 周年纪念日。钱学森同志始终站在世界科技前沿，以自己的远见卓识从战略上思考我国科学技术发展的重大问题，提出许多富有创造性、前瞻性的重要学术思想和重大价值的建议，对建筑科学也作出了开创性贡献。

钱学森同志的建筑科学思想博大精深，出此精选本，目的在于使此书起到入门引路的作用。

同时这也是考虑向世界介绍钱学森同志有关建筑科学的学术思想精髓，特附有中英文目录等。

编者
2010 年 7 月 1 日北京

目　录

论　文　篇

书　信　篇

论 文 篇

1 哲学·建筑·民主

——钱学森会见鲍世行、顾孟潮、吴小亚
时讲的一些意见①

一、要坚定不移地用马克思主义哲学指导我们的工作

我早年在上海交大学习铁道机械工程，记得毕业设计就是画火车头，所以当时我算是一个铁道机械工程师。后来受"科学技术救国"思想的影响，到美国麻省理工学院学航空工程。可是毕业后当时的美国公司不接受中国人去工作，于是只好改行到加利福尼亚理工学院航空系学习航空理论。加利福尼亚理工学院有个特点，工科博士生同时要学一些基础理论的学科。当时我就选修了数学，又旁听了好多物理的课程，如量子力学、统计力学、相对论等。我的导师主张学生的知识面要宽，他本人的知识面也很宽，对什么都感兴趣。学校也赞成不同学科之间的交流，拓展学生的知识面，但那仅是工程技术与基础理论学科之间的交流，还没有跨越到社会科学。

我回国后一直忙于工作，没有时间深思，也没有考虑知识体系

---

① 此文首先在 1996 年 6 月 14 日的"建筑与文化国际学术研讨会"上向与会者传达。在北京召开的《城市学与山水城市》再版发行座谈会上印发给与会者，6 月 18 日《文汇报》全文刊出，7 月 28 日《科技日报》全文刊出。《人民日报》拟刊登前征求钱学森意见，钱学森说："《文汇报》、《科技日报》已经登了，《人民日报》版面很珍贵，就不必登了。"遂未再刊登。但 7 月 26 日《名城报》、《东方视角》1996 年第 2 期、《建筑师》第 72 期、《中国建筑业年鉴(1997)》等多种报刊又先后登载此文，并加编者按语。鉴于此文的重要性，1999 年 6 月出版的鲍世行、顾孟潮主编的《杰出科学家钱学森论：山水城市与建筑科学》一书，作为开篇文章收入，并译成英文。

的问题，倒是"文化大革命"给了我很大的促进。"文化大革命"使我认识到，不懂社会科学不行，不懂马克思主义哲学也不行。我就自学了一点。学了以后，就觉得马克思、恩格斯、列宁讲的这些话对从事科学技术工作确实有启示指导作用。从那以后，我就把自然科学、社会科学联系起来，从整个科学技术体系的角度来看问题。这就是解放思想，要多向各行各业的专家们请教，和你们讨论也是如此。

中国的社会科学、哲学工作者中，有两种人我是不赞成的：一种人死抱书本，教条主义；还有一种人盲目崇拜西方，崇洋媚外。这都不对。对于社会科学工作者死抱书本，我有亲身体会。20多年前，有一次我们请国防科委政治部的同志讲恩格斯的《自然辩证法》，讲到科学技术内容，他完全照本宣科。我实在憋不住了，就告诉他现在的科学技术早已不是那么回事了，他却说书上就是这么讲的！还有位同志对我讲，在20世纪50年代他听苏联专家讲课，觉得内容很熟悉，把讲义和马列著作一对照，才发现整段都是抄的马列原著，看来苏联专家是死抠书本的。学习马克思主义，不抓住马克思主义的本质东西，搞形而上学是不行的。要用马列主义、毛泽东思想的哲学指导我们工作，这一点我是坚定不移的。但是，同时也要考虑到马克思主义哲学是发展的，不是固定的、一成不变的，会随着人们的经验和社会实践不断深化而发展，所以不能机械地死抠书本。另外，现在的情况是有的人在坚持马列主义，而有些人则走偏了路，反对马列主义哲学，这就更不对了。现阶段坚持马列主义哲学，就是要正确理解邓小平关于建设有中国特色的社会主义理论。包括建筑学在内，也必须走有中国特色的社会主义道路，既不能仿古不变，又不能跟着外国人跑，要有自己的独创。

二、是否可以建立一个大科学部门——建筑科学

最近看了顾孟潮的论文①和这本书②得到一些启发，建筑真正

---

① 指"建筑哲学概论"讲课内容和《建筑学报》1996年第1期《信息·思维·创造——空间环境设计创造思维特点与思维类型》一文。

② 指台湾叶树源教授著《建筑与哲学观一书》。

的科学基础要讲环境等等。这个观点要好好地学，思想才真正开阔。

现在建筑科学里面认为是基础理论的东西，实际上是我说的第二个层次的学问，属技术科学层次，就是怎么样把基础理论应用到实际中去，即中间的过渡层次。现在建筑系的学生学的，重在技术和艺术技巧的运用，这是第三层次，实际工程技术层次了。

顾孟潮和叶树源讲的给我启发，建筑与人的关系，实际上是讲建筑科学技术的基础理论，即真正的建筑学。再进一步是把建筑科学提高到哲学，概括到哲学，那就是我在给叶教授信中说的，你到底是唯心主义，还是唯物主义？

真正的建筑哲学应该研究建筑与人、建筑与社会的关系。从前封建社会的皇帝，他对建筑是什么观点？显然，不可能和我们的观点相同，因为他是封建统治者。我在美国那么长时间，深知在美国那样的垄断资本主义国家里，真正说了算的不是人民，而是大资本家。大资本家有自己的庄园，像皇帝宫殿花园一样。老百姓住的是什么建筑？即使是中产阶级，那也差多了。这种生活我是尝到过了，那时我当教授，和我爱人还要天天打扫卫生、做饭。至于穷人，那就更不用说了，因为那是资本主义社会。它的建筑为的是资本家。中国科学院原来的书记张劲夫，后来当财政部长时，与美国有接触。有一次他到美国去访问，回来后对我说，这下我真的知道美国是怎么回事了：有位大资本家请他去他住的庄园做客，把他介绍给自己的参谋班子——那才是美国的精英。他发现那些二把手、三把手都相当有水平，要是到政府任职，起码也能当部长，而一把手是不露面的，只出谋划策，为他的老板服务。所以他们的建筑也是为这个制度服务的，而我们的建筑为的是人民，为人民服务。

另外，建筑是科学技术。开始是砖石结构、土石结构、砖木结构……现在是什么结构？科学是不断发展的。前几天看到《经济日报》上有文章讲"塑钢窗"。你们看，我的窗户是20世纪50年代建的，是木窗，现在有了塑钢窗、铝合金窗等等，将来科学技术发展了，还会有更新的材料。建筑与科学技术是密切相关的。

各位考虑，我们是不是可以建立一门科学，就是真正的建筑科学，它要包括的第一层次是真正的建筑学，第二层次是建筑技术性理论包括城市学，然后第三层次是工程技术包括城市规划。三个层次，最后是哲学的概括。这一大部门学问是把艺术和科学糅在一起的，建筑是科学的艺术，也是艺术的科学。所以搞建筑是了不起的，这是伟大的任务。我们中国人要把这个搞清楚了，也是对人类的贡献。我们有五千年的文明史，一定要用历史的观点来看问题，要看到人以及人所需要的建筑。建立一个大的科学部门，不只是一两门学科。这么看来，我原来建议建立十大部门，现在是十一大部门了。这些部门请大家考虑。

三、学术民主非常重要

我从前在中国科协工作过几年，感到学术不够民主，教授、权威压制得太厉害。我在科协会上讲过不止一次，但还是解决不了。这是科学向前发展的一个大问题。

在学术民主方面，我在美国加利福尼亚理工学院体会很深。当时，学校经常有讨论会，通常是一个人先作发言，所谓"主题介绍"，介绍学科领域的情况，大约讲40分钟，然后讨论1小时，大家七嘴八舌都可以讲。那时，我不过是个研究生，也参加讨论，这是允许的。主持会议的教授有时也讲，和大家一起讨论。偶尔说着说着，教授会说他刚才讲得不对，收回。就这样子，在学术问题上很讲民主，最后还要集中。怎么集中呢？这是讨论到最后，教授作个10～15分钟的总结：我们今天解决了什么问题，还有什么问题没有解决，以后需要再进一步研究。他从不勉强作结论，但是解决了什么问题，认识到什么程度，他还是要总结说明。

学术民主很重要。所谓民主就是党章上规定的原则——民主集中制。比如讨论要有个题目，这就是有领导的民主。要讲民主基础上的集中，集中指导下的民主。不能一讲民主就没有了集中，一讲集中就没有了民主。这是辩证的关系。

2 社会主义中国应该建山水城市^①

社会主义中国的城市建设应该在马克思列宁主义、毛泽东思想的指引下，科学地总结过去的经验，特别是中国人创造的灿烂文化，有目的、有计划地去实施。我们在过去，要办的事很多、很急，要解决人民的基本生活需要，在城市建设上，来不及认真思考，科学地规划，合理布局，办了一些傻事，如把首都钢铁公司、北京石化公司的工厂建在北京上风位地区，有些建筑又影响甚至破坏了城市风貌，今后要有所改善。

一、城市的总体设计

过去我们一讲城市建设，好像就是道路交通建设、通信建设、居民居住的房屋建设、工厂建设、学校建设、机关建设、商业区建设等等，一下子就投入到具体工作中去了，而没有注意一个首要问题：建设中的城市，其功能是什么？这个城市是国都？是大港口？是商埠？是省城？是文化城？是旅游城？是工业城？还是其他？

有了一个城市建设的目的，明确了其功能，下面的问题就是对这个城市已有的建筑要明确哪些是文物，必须保护，并加以科学地维修(而不是粉饰一新)。北京的城墙、城门楼拆得太干净了！当然，故宫总算保护下来了，天安门广场建设得很壮观！

这两个问题明确以后，下一步才是城市的总体规划。总体规划

---

① 钱学森当时因身体比较弱，未能出席 1993 年 2 月 27 日召开的"山水城市讨论会"，故撰此文作为会上的书面发言。此文先后刊载于《科技日报》1993 年 3 月 1 日第 2 版，《城市科学》(新疆)1993 年第 2 期等报刊，并被收入《杰出科学家钱学森论：城市学与山水城市》、《科学的艺术与艺术的科学》等多种著作之中。

要有长远眼光，要大胆设想，逐步实施。在新中国成立初年，梁思成先生对北京就提出过一个惊人的设想：以现在的丰台路、五棵松路为南北轴线，北端定于颐和园，轴线以东为旧北京，以西建新北京，此议未被采纳，但这种宏图思路是值得倡导的。我们要面向世界，面向未来啊！

这个观点我在 1985 年就提出了[①]，我认为它是比具体搞细节的所谓城市规划更高一个层次的学问：城市学，这是用系统工程整体观点研究城市问题的学问，不知近几年有无进展。

二、城市园林、城市森林和山水城市

然而，我所看到的不是什么城市学研究的进展，而是一些背离中国这个文明古国的怪现象，如：在城市中心区搞什么假造的"古建筑"，在城市弄什么趣味低级的"电子化游乐宫"等等。这些丑化城市的活动决不能再任其泛滥了，现在还兴起了一股筑什么"花园村"之风，也很值得研究，切莫急功近利，遗患后世，至于到处竖起的方盒子式的高楼，使城市成了灰黄色的世界，更是普遍了。

这些现象的出现，说明社会主义中国的城市该怎么规划设计，仍是个需要回答的问题。

我想既然是社会主义中国的城市，就应该：第一，有中国的文化风格；第二，美；第三，科学地组织市民生活、工作、学习和娱乐，所谓中国的文化风格就是吸取传统中的优秀建筑经验，例如吴良镛教授主持的北京菊儿胡同危旧房改建，就吸取旧"四合院"的合理部分，又结合楼房建筑，成为"楼式四合院"，我们可以想象，"楼式四合院"再布上些"老北京"的花卉盆、荷花缸、养鱼缸等等，那该是多么美的庭院啊！

如果说现代高度集中的工作和生活要求高楼大厦，那就只有"方盒子"一条出路吗？为什么不能把中国古代园林建筑的手法借鉴过来，让高楼也有台阶，中间布置些高层露天树木花卉？不要让

---

① 钱学森. 关于建立城市学的设想 [J]. 城市规划，1985(4).

高楼中人，向外一望，只见一片灰黄，楼群也应参差有致，其中有楼上绿地园林，这样一个小区就可以是城市的一级组成，生活在小区，工作在小区，有学校，有商场，有饮食店，有娱乐场所，日常生活工作都可以步行来往，又有绿地园林可以休息，这是把古代帝王所享受的建筑、园林，让现代中国的居民百姓也享受到。这也是苏扬一家一户园林构筑的扩大，是皇家园林的提高。中国唐代李思训的金碧山水就要实现了！这样的山水城市将在社会主义中国建起来！

以上讲的还是一个城市小区，在小区与小区之间呢？城市的规划设计者可以布置大片森林，让小区的居民可以去散步、游息。如果每个居民平均有 70 多平方米的林地，那就可以与今天乌克兰的基辅、波兰的华沙、奥地利的维也纳、澳大利亚的堪培拉相比了，称得上是森林城市了。

所以，山水城市的设想是中外文化的有机结合，是城市园林与城市森林的结合。山水城市不该是 21 世纪的社会主义中国城市构筑的模型吗？我提请我国的城市科学家们和我国的建筑师们考虑。

3 再谈开放的复杂巨系统(摘要)

刚才戴汝为同志的报告讲得很好。戴汝为同志多年从事人工智能、知识系统的工作，去年他听说我们在这里讨论开放的复杂巨系统问题，很感兴趣。因此，他是从人工智能、知识系统的角度来看开放的复杂巨系统问题。我正好相反，不懂人工智能和知识系统，从去年开始向他学习这方面的知识，发现这个问题很重要。我们是从不同角度走到一起来了。我们认为，要解决开放的复杂巨系统问题，要建立从定性到定量的综合集成方法或称为综合集成技术，需要这样的结合，所以后来就和于景元同志我们三个人合写了篇讲这个观点的文章。

但是我要提醒搞人工智能研究的同志，你们考虑问题的层次还太低，包括国外的一些学者，考虑的还是一些简单的问题。什么人工智能，说得很热闹，但具体处理的还是一些非常简单的问题，说不上什么智能。实际上，真正的人的智能，是人大脑高层次的活动，比目前一些人工智能专家考虑问题的层次要高得多。解决这个问题的途径是1988年马希文同志在一次讨论会上提出的人与机器的结合，单用计算机之类的机器不行，但人需要机器来帮助。所以，外国人好的东西我们要学习，但我不相信他们能解决开放的复杂巨系统问题，这要靠我们自己的努力。

什么是开放的复杂巨系统

对开放的复杂巨系统，我们可以说：

(1) 系统本身与系统周围的环境有物质的交换、能量的交换和信息的交换。所以是"开放的"。

（2）系统所包含的子系统很多，成千上万，甚至上亿万。所以是"巨系统"。

（3）子系统的种类繁多，有几十、上百，甚至几百种。所以是"复杂的"。

过去我们讲，开放的复杂巨系统有以上三个特征。现在我想，由这三条又引申出第四个特征：开放的复杂巨系统有许多层次。

（后略）

4　一个科学新领域

——开放的复杂巨系统及其方法论①

近 20 年来，从具体应用的系统工程开始，逐步发展成为一门新的现代科学技术大部门——系统科学，其理论和应用研究，都已取得了巨大进展②。特别是最近几年，在系统科学中涌现出了一个很大的新领域，这就是最先由马宾同志发起的开放的复杂巨系统的研究。开放的复杂巨系统存在于自然界、人自身以及人类社会，只不过以前人们没有能从这样的观点去认识并研究这类问题。本文的目的就是专门讨论这一类系统及其方法论。

一、系统的分类

系统科学以系统为研究对象，而系统在自然界和人类社会中是普遍存在的。如太阳系是一个系统，人体是一个系统，一个家庭是一个系统，一个工厂企业是一个系统，一个国家也是一个系统，等等。客观世界存在着各种各样的系统。为了研究上的方便，按照不同的原则可将系统划分为各种不同的类型。例如，按照系统的形成和功能，是否有人参与，可划分为自然系统和人造系统；太阳系就是自然系统，而工厂企业是人造系统。如果按系统与其环境是否有物质、能量和信息的交换，可将系统划分为开放系统和封闭系统；当然，真正的封闭系统在客观世界中是不存在的，只是为了研究上

---

① 本文由钱学森与于景元、戴汝为合作，原文刊于《自然杂志》1990 年第 1 期。
② 钱学森等. 论系统工程（增订本）［M］. 长沙：湖南科学技术出版社，1988.

的方便，有时把一个实际具体系统近似地看成封闭系统。如果按系统状态是否随着时间的变化而变化，可将系统划分为动态系统和静态系统；同样，真正的静态系统在客观世界也是不存在的，只是一种近似描述。如果按系统物理属性的不同，又可将系统划分为物理系统、生物系统、生态环境系统等；按系统中是否包含生命因素，又有生命系统和非生命系统之分，等等。

以上系统的分类虽然比较直观，但着眼点过分地放在系统的具体内涵，反而失去系统的本质，而这一点在系统科学研究中又是非常重要的。为此，钱学森在《哲学研究》[①] 中提出了以下分类方法。

根据组成系统的子系统以及子系统种类的多少和它们之间关联关系的复杂程度，可把系统分为简单系统和巨系统两大类。简单系统是指组成系统的子系统数量比较少，它们之间关系自然比较单纯。某些非生命系统，如一台测量仪器，这就是小系统。如果子系统数量相对较多（如几十、上百），如一个工厂，则可称作大系统。不管是小系统还是大系统，研究这类简单系统都可从子系统相互之间的作用出发，直接综合成全系统的运动功能。这可以说是直接的做法，没有什么曲折，顶多在处理大系统时，要借助于大型计算机，或巨型计算机。

若子系统数量非常大（如成千上万、上百亿、万亿），则称作巨系统。若巨系统中子系统种类不太多（几种、几十种），且它们之间关联关系又比较简单，就称作简单巨系统，如激光系统。研究处理这类系统当然不能用研究简单小系统和大系统的办法，就连用巨型计算机也不够了，将来也不会有足够大容量的计算机来满足这种研究方式。直接综合的方法不成，人们就想到 20 世纪初统计力学的巨大成就，把亿万个分子组成的巨系统的功能略去细节，用统计方法概括起来。这很成功，是普里高津（I. Prigogine）和哈肯（H. Haken）的贡献，它们各自称为耗散结构理论和协同学。

---

① 钱学森. 基础科学研究应该接受马克思主义哲学的指导 [J]. 哲学研究，1989(10)：3.

二、开放的复杂巨系统

如果子系统种类很多并有层次结构，它们之间关联关系又很复杂，这就是复杂巨系统。如果这个系统又是开放的，就称作开放的复杂巨系统。例如：生物体系统、人脑系统、人体系统、地理系统（包括生态系统）、社会系统、星系系统等，这些系统无论在结构、功能、行为和演化方面，都很复杂，以至于到今天，还有大量的问题，我们并不清楚。如人脑系统，由于人脑的记忆、思维和推理功能以及意识作用，它的输入—输出反应特性极为复杂：人脑可以利用过去的信息（记忆）和未来的信息（推理）以及当时的输入信息和环境作用，作出各种复杂反应。从时间角度看，这种反应可以是实时反应、滞后反应、甚至是超前反应；从反应类型看，可能是真反应，也可能是假反应，甚至没有反应，所以，人的行为绝不是什么简单的"条件反射"，它的输入—输出特性随时间而变化。实际上，人脑有 10^{12} 个神经元，还有同样多的胶质细胞，它们之间的相互作用又远比一个电子开关要复杂得多，所以美国 IBM 公司研究所的克莱门德（E. Clemend）曾说[1]，人脑像是由 10^{12} 台每秒运算 10 亿次的巨型计算机关联而成的大计算网络！

再上一个层次，就是以人为子系统主体而构成的系统，而这类系统的子系统还包括由人制造出来具有智能行为的各种机器。对于这类系统，"开放"与"复杂"具有新的更广的含义。这里开放性指系统与外界有能量、信息或物质的交换。说得确切一些：①系统与系统中的子系统分别与外界有各种信息交换；②系统中的各子系统通过学习获取知识。由于人的意识作用，子系统之间关系不仅复杂而且随时间及情况有极大的易变性。一个人本身就是一个复杂巨系统，现在又以这种大量的复杂巨系统为子系统而组成一个巨系统——社会。人要认识客观世界，不单靠实践，而且要用人类过去创造出来的精神财富，知识的掌握与利用是个十分突出的问题。什么知识都不用，那就回到一百多万年以前我们

---

[1]　New Scielist. 21 Jan.（1988）68.

的祖先那里去了。人已经创造出巨大的高性能的计算机，还致力于研制出有智能行为的机器，人与这些机器作为系统中的子系统互相配合并和谐地进行工作，这是迄今为止最复杂的系统了。这里不仅以系统中子系统的种类多少来表征系统的复杂性，而且知识起着极其重要的作用。这类系统的复杂性可概括为：①系统的子系统间可以有各种方式的通信；②子系统的种类多，各有其定性模型；③各子系统中的知识表达不同，以各种方式获取知识；④系统中子系统的结构随着系统的演变会有变化，所以系统的结构是不断改变的。我们把上述系统叫作开放的特殊复杂巨系统，即通常所说的社会系统。

系统的这种分类，清晰地刻画了系统复杂性的层次，它对系统科学理论和应用研究具有重大意义。从社会系统的最近研究中，也可以看出这一点。研究人这个复杂巨系统可以看作是社会系统的微观研究；而在社会系统的宏观研究方面，根据马克思创立的社会形态概念，任何一个社会都有三种社会形态，即经济的社会形态、政治的社会形态、意识的社会形态，可把社会系统划分为三个组成部分，即社会经济系统、社会政治系统、社会意识系统。相应于三种社会形态应有三种文明建设，即物质文明建设(经济形态)、政治文明建设(政治形态)和精神文明建设(意识形态)。社会主义文明建设，应是这三种文明建设的协调发展①。这一结论无论在理论上还是在实践中都有重要意义。从实践角度来看，保证这三种文明建设协调发展的就是社会系统工程。按着系统工程的定义，组织管理社会经济系统的技术，就是经济系统工程；组织管理社会政治系统的技术，就是政治系统工程；组织管理社会意识系统的技术，就是意识系统工程。而社会系统工程则是使这三个子系统之间以及社会系统与其环境之间协调发展的组织管理技术。从我国改革和开放的现实来看，不仅需要经济系统工程，更需要社会系统工程。单纯地进行经济体制改革，不注意另外两个子系统的关联制约作用，经济体

---

① 钱学森，孙凯飞，于景元. 社会主义文明的协调发展需要社会主义政治文明建设[J]. 政治学研究，1989(5).

制改革难以成功。例如"官倒"、党内某些腐败现象、社会风气不正等等，都对经济体制改革造成了严重影响，以至于不得不来治理经济环境，整顿经济秩序。党的十三届五中全会提出的进一步治理整顿和深化改革，就是社会主义制度的自我完善，是中国社会形态的自我完善。这都说明了单打一的零散改革是不行的。改革需要总体分析、总体设计、总体协调、总体规划，这就是社会系统工程对我国改革和开放的重大现实意义。

从以上列举的开放的复杂巨系统的实例中可以看到，它们涉及生物学、思维科学、医学、地学、天文学和社会科学理论，所以这是一个很广阔的研究领域。值得指出的是，这些领域的理论本来分布在不同的学科甚至不同的科学技术部门，而且均已有了较长的历史，也都或多或少地用本学科的各自语言涉及开放的复杂巨系统这一思想，如中医理论，但今天却都能概括在开放的复杂巨系统的概念之中，而且更加清晰更加深刻了。这个事实启发我们，开放的复杂巨系统概念的提出及其理论研究，不仅必将推动这些不同学科理论的发展，而且还为这些理论的沟通开辟了新的令人鼓舞的前景。

三、开放的复杂巨系统的研究方法

开放的复杂巨系统目前还没有形成从微观到宏观的理论，没有从子系统相互作用出发，构筑出来的统计力学理论。那么有没有研究方法呢？有些人想得比较简单，硬要把处理简单系统或简单巨系统的方法用来处理开放的复杂巨系统。他们没有看到这些理论方法的局限性和应用范围，生搬硬套，结果适得其反。例如，运筹学中的对策论，就其理论框架而言，是研究社会系统的很好工具，但对策论今天所达到的水平和取得的成就，远不能处理社会系统的复杂问题。原因在于对策论中已把人的社会性、复杂性、人的心理和行为的不确定性过于简化了，以至于把复杂巨系统问题变成了简单巨系统或简单系统的问题了。同样，把系统动力学、自组织理论用到开放的复杂巨系统研究之中，所以不能成功，其原因也在于此。系统动力学创始人福里斯特(J. Forrester)自己就提出①，对他的方法要慎重，要研究模型的可信度。但国内有些人对此却毫不担心，"大胆"使用。

另外，也有的人一下子把复杂巨系统的问题上升到哲学高度，空谈系统运动是由子系统决定的，微观决定宏观等等。一个很典型的例子就是"宇宙全息统一论"②。他们没有看到子系统，也不能认为完全认识了。子系统内部还有更深更细的子系统。以不全知去论不知，于事何补？甚至错误地提出"部分包含着整体的全部信息"、"部分即整体，整体即部分，二者绝对同一"，这完全是违反客观事实的，也违反了马克思主义哲学。

实践已经证明，现在能用的、唯一能有效处理开放的复杂巨系统(包括社会系统)的方法，就是定性定量相结合的综合集成方法，这个方法是在以下三个复杂巨系统研究实践的基础上，提炼、概括和抽象出来的，这就是：

(1) 在社会系统中，由几百个或上千个变量所描述的定性定量相结合的系统工程技术，对社会经济系统的研究和应用；

(2) 在人体系统中，把生理学、心理学、西医学、中医和传统医学以及气功、人体特异功能等综合起来的研究；

(3) 在地理系统中，用生态系统和环境保护以及区域规划等综合探讨地理科学的工作。

在这些研究和应用中，通常是科学理论、经验知识和专家判断力相结合，提出经验性假设(判断或猜想)；而这些经验性假设不能用严谨的科学方式加以证明，往往是定性的认识，但可用经验性数据和资料以及几十、几百、上千个参数的模型对其确实性进行检测；而这些模型也必须建立在经验和对系统的实际理解上，经过定量计算，通过反复对比，最后形成结论；而这样的结论就是我们在现阶段认识客观事物所能达到的最佳结论，是从定性上升到定量的

---

① Forrester J W. Theory and Application of System Dyncmics [M]. New Times Press，1987.

② 王存臻，严春友. 宇宙全息统一论 [M]. 济南：山东人民出版社，1988.

认识。

综上所述，定性定量相结合的综合集成方法，就其实质而言，是将专家群体(各种有关的专家)、数据和各种信息与计算机技术有机结合起来，把各种学科的科学理论和人的经验知识结合起来。这三者本身也构成了一个系统。这个方法的成功应用，就在于发挥这个系统的整体优势和综合优势。

近几年，国外有人提出综合分析方法(metaanalysis)[①]，对不同领域的信息进行跨域综合分析，但还不成熟，方法也太简单，而定性定量相结合的综合集成方法却是真正的 meta-synthesis。

四、综合集成方法的实例

下面，我们以社会经济系统工程中"财政补贴、价格、工资综合研究"为例，来说明这个方法及其应用。这个案例是成功的。

1979 年以来，由于实行农副产品收购提价和超购加价政策，提高了农民收入，这部分钱是由国家财政补贴的。但是，当时对销售价格没有作相应调整，结果是随着农业连年丰收，超购加价部分迅速增大，给国家财政带来了沉重的负担，是财政赤字的主要根源。这样，造成了极不正常的经济状态：农业越丰收，财政补贴越多。致使国家财政收入增长速度明显低于国民收入增长速度，财政收入占国民收入的比例逐年下降。

财政补贴产生的这些问题。引起国家的极大重视，有关部门提出，如何利用价格工资这两个经济杠杆，逐步减少以至取消财政补贴。然而，调整零售商品价格必将影响到人民生活水平；如果伴以工资调整，又涉及财政负担能力、市场平衡、货币发行和储蓄等。这些问题涉及经济系统中生产、消费、流通、分配这四个领域。

财政补贴、价格、工资以及直接和间接有关的各个经济组成部

---

① Hedges L，Olk I. In statistical methods for meta-analysis［M］. Academic press，1985；Wolf F M，Meta-Analysis. Qualitaeivc methods for research synthesis［J］. sage，1986；Rosenthal R. Meta-analytic procedures for social research［J］. sage，1984；Light R，Pillemer D. Sunming up：the science of rcoiewing research［M］. Hanad Uui-versity Press，1984.

分，是一个互相关联、互相制约的具有一定功能的系统。调整价格和工资从而取消财政补贴，实质上就是改变和调节这个系统的关联、制约关系，以使系统具有我们希望的功能，这是系统工程的典型命题。

为了解决这个问题，首先由经济学家、管理专家、系统工程专家等依据他们掌握的科学理论、经验知识和对实际问题的了解，共同对上述系统经济机制(运行机制和管理机制)进行讨论和研究，明确问题的症结所在，对解决问题的途径和方法作出定性判断(经验性假设)，并从系统思想和观点把上述问题纳入系统框架，界定系统边界，明确哪些是状态变量、环境变量、控制变量(政策变量)和输出变量(观测变量)。这一步对确定系统建模思想、模型要求和功能具有重要意义。

系统建模是指将一个实际系统的结构、功能、输入——输出关系用数字模型、逻辑模型等描述出来，用对模型的研究来反映对实际系统的研究。建模过程既需要理论方法又需要经验知识，还要有真实的统计数据和有关资料。

有了系统模型，再借助于计算机就可以模拟系统和功能，这就是系统仿真。它相当于在实验室内对系统做实验，即系统的实验研究。通过系统仿真可以研究系统在不同输入下的反应、系统的动态特性以及未来行为的预测等等，这就是系统分析。在分析的基础上，进行系统优化，优化的目的是要找出为使系统具有我们所希望的功能的最优、次优或满意的政策和策略。

经过以上步骤获得的定量结果，由经济学家、管理专家、系统工程专家共同再分析、讨论和判断，这里包括了理性的、感性的、科学的和经验的知识的相互补充。其结果可能是可信的，也可能是不可信的。在后一种情况下，还要修正模型和调整参数，重复上述工作。这样的重复可能有许多次，直到各方面专家都认为这些结果是可信的，再作出结论和政策建议。这时，既有定性描述，又有数量根据，已不再是先验的判断和猜想，而是有足够科学根据的结论。以上各步可用框图表示，如图 1 所示。

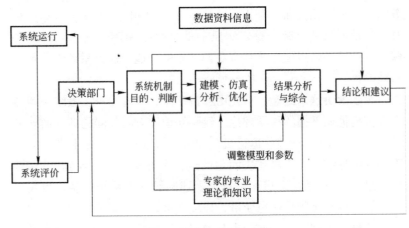

图 1　综合集成方法实例

五、综合集成还可以用知识工程

如上所述，综合集成方法取得了很好的效果。在解决问题的过程中，专家群体和专家的经验知识起着重要的作用。在以前，如前面所举的实例中，这一综合的过程还没有使用机器，建立模型也是靠人动脑子思考。现在看，我们还可以进一步，在一个系统中加入知识这一极其重要的因素；这就牵涉到知识的表达和知识的处理，实际上就是知识工程的问题了。知识工程是人工智能的一个重要分支，解决问题的办法着眼于合理地组织与使用知识，从而构成知识型的系统。专家系统就是一种典型的知识型系统；专家的一部分作用可以通过专家系统来实现，所以专家系统也自然是系统中的子系统。再进一步分析，在前面关于系统分类的讨论中，开放的特殊复杂巨系统居于最高层次，人作为这种系统中的子系统。人不能脱离社会而存在，随着社会的发展，人类创造各种机器来代替体力劳动与部分脑力劳动，结果具有智能行为的机器必然也是子系统。由人、专家系统及智能机器作为子系统所构成的系统必然是人、机交互系统。各子系统互相协调配合，关键之处由人指导、决策，重复繁重工作由机器进行。人与机器以各种方便的通信方式，例如自然语言、文字、图形等，进行人、机通信，形成一个和谐的系统。

近年来知识工程领域中的一些专家认识到以往忽视理论的错误倾向，已在探讨知识型系统研究的方法论问题。知识工程中的核心问题是知识表达，即如何把各种知识，如书本知识、专门领域有关的知识、经验知识、常识知识等，表示成计算机能接受并能加以处理的形式，这是必须解决的基本问题。知识型的系统与以往的动态系统不同，它的特点是以知识控制的启发式方法求解问题，不是精确的定量处理，因为许多知识是经验性的，难以精确描述，对于知识型系统，不能像以往的一些控制系统那样建立定量的数学模型，而只能采用定性的方法。如果系统中包括一些可以定量描述的部件，那么也必然是采用定性与定量相结合的方法来进行系统综合。已有许多工作是利用定性物理的概念与建模方法来建立定性模型，进而研究定性推理的[①]。定性建模是一种把深层知识进行编码的方法，关心的只是变化的趋势，例如增加、减少、不变等。定性推理指的是在定性模型上的操作运行，从而得到或预估系统的行为。这里着重的是结构、行为、功能的描述及它们之间的关系。到目前为止，已有三方面代表性的工作，一是 Xerox 公司的德克勒（DcK-leer）等人从系统的观点出发提出以部件为主（component centered）的模型，认为系统最重要的特性是可合成性，在结构上系统由部件连接而成，系统的行为可由部件的行为推导而得出。他们致力于建立一种能进行解释与预估的定性物理系统。另一是 MIT 计算机科学实验室的凯珀（Kuiper）提出以约束为主（constraint centered）的模型。第三是 MIT 人工智能实验室的福伯斯（Forbus）提出以进程为主（process centered）的模型。他把引起运动和变化的原因等称为进程，致力于建立进程对物理过程影响的理论。知识工程中研究定性建模与推理的动机是研究常识知识，解决常识知识的表达、存储、推理等。很多专家认为定性建模与推理的方法及理论研究很可能是解决利用常识知识的途径。1988 年欧洲人工智能大会把最佳论文奖授予关于定性物理模型和计算模型的论文，说明人们对这方面的

---

① 王珏，崔祺. 定性推理 [J]. 中国计算机用户，1989(8)：22.

研究所抱的希望。

实际上人工智能领域中有许多重要的工作是从系统的角度考虑的。有一种主张把人工智能的研究概括为是对各种定性模型（物理的、感知的、认识的、社会系统的模型）的获取、表达与使用的计算方法进行研究的学问[①]。这是系统科学观点的反映。当前人工智能领域中综合集成的思想得到重视，计算机统筹制造系统（Computer Integrated Manufacture System，简称 CIMS 系统）的提出与问世就是一个例子。在工业生产中，产品设计与产品制造是两个重要方面，各包括若干个环节，这些环节以现代化技术通过人、机交互进行工作。以往设计与制造是分开各自进行的。现在考虑把两者用人工智能技术有机地联系起来，及时把制造过程中有关产品质量的信息向设计过程反馈，使整个生产灵活有效，又能保证产品的高质量。这种把设计、制造，甚至管理销售统一筹划设计的思想恰恰是开放的复杂巨系统的综合集成思想的体现。

总之，我们把系统的"开放性"和"复杂性"这两个概念拓展之后，对系统的认识就更加深刻，所概括的内容也就更为广泛。这种广泛性是从现代科学技术的发展，尤其是新兴的知识工程的发展中抽象概括而得来的，有着坚实的基础与充分的根据。在我们阐明了开放的特殊复杂巨系统属于系统分类中的最高层次之后，实际上就把系统科学与人工智能两大领域明显地加以沟通。这样一来各种以知识为特征的智能型系统，如互相合作的人工智能系统、分布式人工智能系统以及实时智能控制系统等都属于一个统一的、明确的范畴。这就有利于去建立开放的复杂巨系统的理论基础，这是当代科学发展的必然结果。

六、开放的复杂巨系统研究的意义

综上所述，定性定量相结合的综合集成方法，概括起来具有以下特点：

（1）根据开放的复杂巨系统的复杂机制和变量众多的特点，把

---

① 戴汝为. 人工智能概述 [J]. 中国计算机用户，1989(8)：14.

定性研究和定量研究有机地结合起来，从多方面的定性认识上升到定量认识。

（2）由于系统的复杂性，要把科学理论和经验知识结合起来，把人对客观事物的星星点点知识综合集中起来，解决问题。

（3）根据系统思想，把多种学科结合起来进行研究。

（4）根据复杂巨系统的层次结构，把宏观研究和微观研究统一起来。

正是上述这些特点，才使这个方法具有解决开放的复杂巨系统中复杂问题的能力，因此它具有重大的意义，以下将着重讲讲这个看法。

现代科学技术探索和研究的对象是整个客观世界，但从不同的角度、不同的观点和不同的方法研究客观世界的不同问题时，现代科学技术产生了不同的科学技术部门。例如，自然科学是从物质运动、物质运动的不同层次、不同层次之间的关系这个角度来研究客观世界的，社会科学是从研究人类社会发展运动、客观世界对人类发展影响的角度去研究客观世界的，数学科学则是从量和质以及它们互相转换的角度研究客观世界的……①而系统科学是从系统观点，应用系统方法去研究客观世界的。系统科学作为一个科学技术部门，从应用到基础理论研究都是以系统为研究对象。在宏观世界，我们这个地球上，又产生了生命、生物，出现了人类和人类社会，有了开放的复杂巨系统。而这类系统在宏观世界也是存在的，例如银河星系也是一个开放的复杂巨系统。这样看来，开放的复杂巨系统概念，已经超出了宏观世界而进入了更广阔的天地。因此，开放的复杂巨系统及其研究具有普遍意义。但是，正如前面已经指出的那样，过去的科学理论都不能解决开放的复杂巨系统的问题，这也是有原因的，可以从历史中去找。

大家知道，长期以来不同领域的科学家们早已注意到，在生命系统和非生命系统之间表现出似乎截然不同的规律。非生命系统通

---

① 吴义生主编. 社会主义现代化建设的科学和系统工程［M］. 北京：中共中央党校出版社，1987.

常服从热力学第二定律，系统总是自发地趋于平衡态和无序，系统的熵达到极大。系统自发地从有序变到无序；而无序却决不会自发地转变到有序，这就是系统的不可逆性和平衡态的稳定性。但是，生命系统却相反，生物进化、社会发展总是由简单到复杂、由低级到高级越来越有序。这类系统能够自发地形成有序的稳定结构。

两类系统之间的这种矛盾现象，长时间内得不到理论解释，致使有些科学家认为，两类系统各有各自的规律，相互毫不相干。但也有些科学家提出：这种矛盾现象有没有什么内在联系呢？直到20世纪60年代，耗散结构理论和协同学的出现，为解决这个问题提供了一个科学的理论框架。这些理论认为，热力学第二定律所揭示的是孤立系统（与环境没有物质和能量的交换）在平衡态和近平衡态（线性非平衡态）条件下的规律。但生命系统通常都是开放系统，并且远离平衡态（非线性非平衡态）。在这种情况下，系统通过与环境进行物质和能量的交换引进负熵流，尽管系统内部产生正熵，但总的熵在减少，在达到一定条件时，系统就有可能从原来的无序状态自发地转变为在时间、空间和功能上的有序状态，产生一种新的稳定的有序结构，普里高津称其为耗散结构。这样，在不违背热力学第二定律的条件下，耗散结构理论沟通了两类系统的内在联系，说明两类系统之间并没有真正严格的界限，表观上的鸿沟，是由相同的系统规律所支配。所以，普里高津在其著作中指出："复杂性不再仅仅属于生物学了，它正在进入物理学领域，似乎已经植根于自然法则之中。"[1] 哈肯更进一步指出，一个系统从无序转化为有序的关键并不在于系统是平衡和非平衡，也不在于离平衡态有多远，而是由组成系统的各子系统，在一定条件下，通过它们之间的非线性作用，互相协同和合作自发产生稳定的有序结构，这就是自组织结构。

现代科学20年来的这一成就是十分重要的，它阐明了长期以来困惑着人们的一个谜。但耗散结构理论、协同学的成功，也使得不少人过分乐观，以为这种基于近代科学还原论的定量方法论也可

---

① G. 尼科里斯，I. 普利高津. 探索复杂性 [M]. 成都：四川教育出版社，1986.

以用到开放的复杂巨系统，从而碰壁！

在科学发展的历史上，一切以定量研究为主要方法的科学，曾被称为"精密科学"，而以思辨方法和定性描述为主的科学则被称为"描述科学"。自然科学属于"精密科学"，而社会科学则属于"描述科学"。社会科学是以社会现象为研究对象的科学，社会现象的复杂性使它的定量描述很困难，这可能是它不能成为"精密科学"的主要原因。尽管科学家们为使社会科学由"描述科学"向"精密科学"过渡作出了巨大努力，并已取得了成效，例如在经济科学方面，但整个社会科学体系距"精密科学"还相差甚远。从前面的讨论中可以看到，开放的复杂巨系统及其研究方法实际上是把大量零星分散的定性认识、点滴的知识，甚至群众的意见，都汇集成一个整体结构，达到定量的认识，是从不完整的定性到比较完整的定量，是定性到定量的飞跃。当然一个方面的问题经过这种研究，有了大量积累，又会再一次上升到整个方面的定性认识，达到更高层次的认识，形成又一次认识的飞跃。

德国著名的物理学家普朗克认为："科学是内在的整体，它被分解为单独的整体不是取决于事物的本身，而是取决于人类认识能力的局限性。实际上存在着从物理到化学，通过生物学和人类学到社会学的连续的链条，这是任何一处都不能被打断的链条。"自然科学和社会科学的研究覆盖了这根链条。伟大导师马克思早就预言："自然科学往后将会把关于人类的科学总括在自己下面，正如同关于人类的科学把自然科学总括在自己下面一样：它将成为一个科学。"① 我们称这种自然科学与社会科学成为一门科学的过程为自然科学与社会科学的一体化。可以说，开放的复杂巨系统研究及其方法论的建立，为实现马克思这个伟大预言，找到了科学的和现实可行的途径与方法。

在结束这番讨论的时候，我们还要指出：这里提出的定性与定量相结合的综合集成方法，不但是研究处理开放的复杂巨系统的当前唯一可行的方法，而且还可以用来整理千千万万零散的群众意

---

① 马克思. 经济学—哲学手稿［M］. 北京：人民出版社，1957：91.

见，人民代表的建议、议案，政协委员的意见、提案和专家的见解，以至个别领导的判断，真正做到"集腋成裘"。特别当我们引用它把零金碎玉变成大器——社会主义建设的方针、政策和发展战略，以至具体计划和计划执行过程的必要调节调整时（这在本文第四部分讲的实例中已见一个小小的开端），就把多年来我们党提出的民主集中原则，科学地、完美地实现了。其意义远远超出科学技术的发展与进步，这是关系到社会主义建设以至实现共产主义理想的大事了。人民群众才是历史的创造者！

5 建立意识的社会形态的科学体系[①]

马克思曾创立并使用了社会形态（Gesellschaftsformation）这个词来描述一个社会在一定时期的结构和功能状态。马克思还把社会形态的经济侧面称为经济的社会形态（Okonomische Gesellschaftsformation），而研究经济的社会形态的学问就是政治经济学，马克思的名著《资本论》就是研究经济的社会形态的划时代贡献。社会形态还有其他侧面[②]，有政治的社会形态，研究政治的社会形态的学问是政治学，这在目前研究得还不够。还有一般笼统称为思想意识，而应该确切地称为意识的社会形态，这研究得就更不够了，可以说连学科的名字都不清楚。这是一个亟待解决的问题，我们想在这篇文章里谈谈这个问题，希望开展这方面的讨论。

一、研究意识的社会形态的重要性

我们党在十一届三中全会以后，工作中心转入社会主义现代化建设。十二大提出四个现代化中科学技术是关键，教育是基础，社会主义物质文明和社会主义精神文明要一起抓，要提高全民族的科学文化水平。十三大提出要把发展科学技术和教育事业放在首要位置，使经济建设转到依靠科技进步和提高劳动者素质的轨道上来。但我们有些同志对党的这一重要战略思想认识得并不是很清楚的，在实际工作中也没有真正贯彻执行。因此，我们觉得需要对社会主义精神文明建设战略地位的思想作更为具体深入的研究和宣传。

[①] 本文由钱学森与孙凯飞合作，原文刊于《求是》杂志 1988 年第 9 期。钱学森 1988 年 12 月 8 日眉批："请郑孝燮同志指正。"

[②] 钱学森. 新技术革命与系统工程 [J]. 世界经济，1985(4).

我们提出要重视研究意识的社会形态，特别是我国当前和今后一个时期的意识社会形态问题，要建立意识社会形态的科学体系，是从我们国家的现实、世界的现实，从历史的经验和着眼于未来的发展出发的。

从我国社会主义初级阶段的根本任务是发展生产力来说，从生产力标准来说，人是生产力中最重要的因素，最活跃、最革命的因素。人的作用能否充分发挥出来，发挥得如何，关键在于人的素质，人的思想文化水平。生产工具也是生产力中的重要因素，生产工具的改进提高也要靠文化的发展，靠科学技术水平的提高。生产者、生产工具、生产对象的优化组合，生产对象（土地、森林、矿藏、水力资源等等）的科学开发和合理使用也都是与社会的精神文明的发展水平联系在一起的。所以马克思说科学技术越来越成为直接的生产力。据一些国家的分析研究，当代劳动生产率的提高，经济的增长，60％～80％要靠文化的发展，特别是科学、技术、教育的发展。

从生产关系、上层建筑的因素来讲，上层建筑、生产关系对生产力的反作用，就是它可以阻碍或推动生产力的发展。我们现在的政治经济体制改革就是要改革不适应生产力发展的、束缚生产力发展的生产关系和上层建筑，建立适应于生产力发展、能解放生产力的生产关系和上层建筑。对我们国家来说，其中一个重要的问题是科学管理和科学决策的问题。国内外的许多学者都已指出，我国现有的生产力水平并没有完全发挥出来，潜力还很大。有的说，中国现有的工厂企业的生产效率只及日本的 1/10，关键在于缺乏科学管理和科学决策；如果提高了科学管理和决策的水平，中国现有的生产力水平即可提高 2～3 倍，甚至 5～10 倍。而一个国家科学管理、科学决策的水平，也是与科学文化水平联系在一起的。经济、政治的民主化进程，也是与科学文化的发展进程同步的。靠特权，靠不正当的关系，只会阻碍、破坏生产力发展。

从我们国家的现实来看，现在还有 2 亿多文盲，约占全国人口的 1/4；九年义务教育制还没有完全普及；20～24 岁人口中受高等教育的人数所占比例只有 1％（美国为 55％，日本为 30％，苏联为

21%，印度为 9%）。据 26 个省、市、自治区对 2000 万职工文化水平的调查，初中以下文化程度的占 40%左右，中等文化程度的占 15%左右（其中约 60%达不到应有水平），高等文化程度的只占 3%左右。

从我们改革开放中所出现的一些问题来看。党的十三大报告中指出："几年来，偷税漏税、走私贩私、行贿受贿、执法犯法、敲诈勒索、贪污盗窃、泄漏国家机密和经济情报、违反外事纪律、任人唯亲、打击报复、道德败坏等现象在某些共产党员中屡有发生。"从干部官僚主义、以权谋私、违法乱纪，到青少年犯罪、读书无用论再起、教师学生弃学经商；从文艺领域的低级趣味、盲目模仿、非法出版活动猖獗，到经济领域投机倒把、哄抬物价、敲诈勒索、卖伪劣商品；从破坏生态、森林火灾、恶性交通事故的发生，到一些地方食物中毒、肝炎蔓延、性病死灰复燃……如果我们冷静地想一想，这些难道不都与我们有些同志忽视精神文明建设，人的思想文化素养太低有关吗？所以一些有识之士要大声疾呼：世风日下之误国甚于物价上涨。物价纳入正轨并不需要太久的时间，而端正世风，一代难成。更深的忧患恐怕是这种不正之风已侵入思想理论战线、文化学术领域，伪史料、伪科学、错误理论、劣质文化喊得惊天动地响。秦兆阳同志用四句话描绘了当前这种"时风"："轿子乱抬代替棍子打鬼，桂冠轻赠代替帽子扣人，树未成材即以栋梁相许，禾始抽穗即以丰收相视。"思想理论既可以兴邦，也可以误国。没有正确的科学的理论指导，"四化"、改革会误入歧途。错误的思想理论会干扰我们"四化"、改革的顺利进行。只有广大人民群众提高了思想文化水平，摆脱了愚昧无知，才能区别真改革与假改革，真搞"四化"还是假搞"四化"，聪明的改革还是愚蠢的改革，我们的"四化"、改革才能走上健康顺利发展的道路。

从历史的经验看。现在我们社会上出现的这些问题也可以说是社会在新旧体制转变过程中必然要出现的现象，搞社会主义商品经济，上层建筑、意识形态不适应，难免要发生一些紊乱现象。资本主义发展商品经济也有很长一段时间是这样。马克思、恩格斯 1845～1846 年写的《德意志意识形态》曾讲到当时欧洲、德国的情况，思想非常混乱，什么怪东西都出来了。那时正是欧洲、德国从封建社会向资本主义社会的转变时期，人们开始从黑格尔的绝对精神中解放出来，旧的一套不行了，新的还没有完全建立起来。

列宁当年执行新经济政策时，也曾遇到过我们现在的情况，那时官僚主义、贪污盗窃、投机倒把等现象也非常严重。列宁当时思想比较清醒。在执行新经济政策前，列宁就预言，实行新经济政策后资本主义会抬头，但不能因噎废食，办法是怎样把它的副作用控制在最小的范围内。列宁的办法，一是用正确的思想路线、方针、政策来引导；二是用制度、法律、专政机关来打击违法犯罪分子；三是用全民的统计、监督、核算来堵塞官僚主义、投机倒把、贪污盗窃的漏洞。后来列宁感到最重要的还是文化建设。列宁说，官僚主义、拖拉作风、贪污盗窃、投机倒把这些毒疮是不能用军事上的、政治上的改造来医治的，它只能用提高文化来医治。他说，一个有文化讲文明的人，很少搞官僚主义、贪污盗窃的。列宁说，现在我们一切都有了，政权掌握在我们手里，经济命脉也控制在我们手里，我们也有了正确的路线、方针、政策，那么还缺少什么呢？我们所缺少的就是文化。列宁指出，我们的许多共产党员、干部、国家管理人员没有现代文化，不会文明地工作。所以列宁提出"文化革命"的任务，就是要扫除文盲，提高广大人民群众的科学文化水平，也就是要实现意识的社会形态的一次飞跃，一次质的变化。他把文化革命和改造旧国家作为当时摆在苏维埃政权面前的两个划时代的主要任务。列宁甚至这样说："现在，只要实现了这"文化革命"，我们的国家就能成为完全的社会主义国家了。"[①]

如果我们面向世界，面向未来，从世界的现实，用 21 世纪的眼光来看，那么精神文明建设的重要性就更加明显了。当代新的科技革命、产业革命正在深刻地改变着世界的面貌。到 21 世纪，脑力劳动与体力劳动的差别、城乡的差别可能要消亡，第一产业（农业）、第二产业（工业）将会缩小，第三产业（服务业、信息业）、第四产业（文化事业）将要扩大。现在资本主义国家的情况已经发生了

---

① 列宁全集(第 33 卷) [M]. 北京：人民出版社，1957：430.

很大变化，社会主义国家的情况也已经发生了很大变化。我们这个时代已经与列宁当年所描述的帝国主义时代有很大不同了。核武器产生后，大仗打不起来了，于是世界大战转向经济领域、科技领域。新科技革命把整个世界连成一体，现在正可以说是世界性的经济战、科技战。在这场新的世界大战中我们能否打赢，将取决于我们的科技力量、文化力量。科学文化落后，是竞争不过别人的，是要挨打的，是要被开除球籍的。现在我们与世界先进水平的距离在拉大。苏联也已经认识到自己与世界先进水平的距离越来越大了。许多社会主义国家都在进行改革，就是为了要尽快赶上去。这可以说是继十月革命胜利、中国革命胜利后，社会主义国家的第三次伟大革命。夏衍同志曾讲到"两个70年"：从马克思恩格斯1847年写《共产党宣言》到1917年十月革命胜利是第一个70年，从1917年十月革命到1987年我们党的十三大，提出社会主义初级阶段理论，是第二个70年。我们想再加一个70年，就是到2057年，看我们能否完成社会主义初级阶段的各项任务。这可以说是生死存亡的70年，关键的70年，是社会主义能不能在中国最终胜利的问题。这个问题值得我们深思。但许多人对这一点还不清楚，眼光还停留在眼前的个人小利上。这需要唤起民众，要让人们有历史使命感和紧迫感。团结起来，实现四化，振兴中华，这就是今天激励人们共同奋斗的精神力量。

现代经济的发展主要靠科学技术，未来的21世纪将是智力战的时代。一个国家、一个民族，是否能自立于世界民族之林，是否会被开除球籍，将取决于文化建设的成败。这一点现在已为许多国家的领导人和有识之士所认识。美国前总统卡特说，过去30年里，美国经济的增长主要靠科学技术。R·贾斯特罗认为，美国的财富来源于人的大脑，这是取之不尽的财富。日本前首相福田说，资源小国日本能在短期内成为世界经济大国，主要靠教育的普及提高。前首相铃木提出技术立国的施政纲领，指出只有以此为基础，才能更好地面向21世纪。欧洲共同体制定了加速科技发展的"尤里卡计划"。苏共二十七大戈尔巴乔夫总书记提出了"加速发展战略"，经互会十国制定了加速科技发展的《科技进步综合纲要》，即所谓

"东方尤里卡"。苏联科学院院士希里亚耶夫认为，世界科技革命中知识是万能资源。我们国家的领导人和有识之士也一再强调要把重视科学文化、重视教育事业放在首要的位置，也就是要确立科技立国、教育事业，不尊重知识、知识分子，使我们国家大大落后于世界先进水平，这个历史的经验教训我们千万不要忘记。

二、建立宏观的意识社会形态学科——精神文明学

现在大家很关心意识的社会形态问题①②③，但往往受过去思维概念和思想习惯影响，把这个问题称之为"文化"问题，有同志还称这场讨论为"文化热"，甚至在讨论中连"文明"和"文化"也混在一起。我们认为，要真正用马克思主义哲学观点和方法来研究意识的社会形态问题，应该建立起研究意识社会形态的科学体系。这首先是一门宏观的、综合的、高层次的学科，要全面考察意识社会形态的发展演变，是一门意识社会学，我们建议称之为"精神文明学"。精神文明学研究人的意识形态、思想文化的变化和整个社会发展变化的关系，研究意识形态、思想文化发展的规律，研究怎样把社会的科学文化推向一个新的历史阶段。社会上有些阴暗面，随着人们思想文化水平的提高，会自然消灭。所以当前存在的许多问题本身并不可怕，可怕的是我们不认识、不清楚，不知道应该怎么去消灭它。而精神文明学应该研究这些问题，这就是它的重要性。当年马克思、恩格斯正是这样研究德意志意识形态的。他们一个个地批判当时出现的错误思想理论，揭开所谓"人道自由主义"、"自我一致的利己主义"、"真正的社会主义"等等伪科学理论的假面，在批判旧世界中创造新世界，把人类的思想文化推向了时代的新高峰。

我们在这里称为精神文明学，在国外往往称为"文化学"，其研究主要有两种模式：

---

① 何新. 文化学的概念与理论 [J]. 人文杂志，1986(1).

② 张德华. "文化热"的方法论热点 [J]. 上海社会科学，1988(2).

③ 俞吾金. 论当代中国文化的几种悖论 [N]. 人民日报，1988-08-22.

一种是西方资本主义国家的理论模式，主要是从人类学、哲学人类学的角度研究文明、文化，从文化起源、文化发展史角度研究文化，从各民族的文化特点、不同文明类型的比较角度研究文化现象。主要理论形态是文化人类学、文化的哲学人类学。这种学说在西方可以说源远流长，名家、著作也很多。他们对文化本质、文化类型、文化发展地的规律、文化比较研究的方法等，作了许多有益的探索研究。它的一个特点是文化、文明不分，而且具有很浓的人本主义色彩。

一种是苏联、东欧国家的文化学说，叫作马克思列宁主义文化理论，主要研究马克思列宁主义学说中的文化理论。后来又发展到从哲学层次研究文化现象，叫作文化的哲学。苏联 20 世纪六七十年代发表了许多研究文化哲学的理论文章，哲学教科书中也增添了专论文化的章节。也有用现代系统方法研究文化艺术的系统结构的。随着苏联对人的问题研究的重视，也出现了关于人的研究和文化研究合流的现象。

在我们国家则可以说从鸦片战争、五四运动以来，许多人研究"文化理论"，走的是中西文化比较学的路子，很多人的动机是想寻求一条救国救民的道路，但也有两种极端倾向。一种是儒学复兴说，或者叫新儒学、现代儒学。这在东亚一些国家、地区很流行，认为这些国家的兴起主要靠儒家学说的复兴。现代新科技革命的爆发，又使一些人认为现代科学回到了东方神秘主义。他们不懂得现代科学，特别是现代系统科学所揭示的系统整体思想，把它看作向古代东方朴素直观整体观的简单回复，而不是在现代科学技术基础上向系统整体观更高阶段的发展。他们不懂得基本粒子世界的理论，把它简单等同于老子的"道"，佛家的"无"。我国"文化大革命"后，随着人们对批孔运动的愤懑，有些人也从一个极端走到另一个极端，又把儒学捧到了天上，认为复兴儒学就能振兴中华。与儒学复兴说相对立的另一种极端论点是全盘西化说，或者叫彻底重建论，认为儒家学说全是糟粕，中国传统文化无可取之处；认为中国之所以几百年来落后，主要是受中国传统文化的束缚，只有全部否定，彻底重建，把西方文化全盘搬来，包括西方的经济制度、政治制度，彻底西化，走西方资本主义道路，才能振兴中华。他们忘记了中国近百年来的历史教训。介于二者之间的还有两种观点，一种是所谓"体用说"，包括西体中用说，中体西用说；另一种是综合创新说，主张综合中外各地优秀文化来创建我们的新文化。

把所有这些见解经过综合归纳，去粗取精，扬弃升华，就可以建立一门阐明人类社会中意识的社会形态的发展规律的科学——精神文明学。精神文明学能搞清社会物质文明与社会精神文明的关系，从而预见未来。这也就解决了郑必坚同志在一次文化问题讨论会上表示的困惑[①]：他感到缺少文化力量，"如果说我们的经济发展有了路数，那么文化和精神发展的路数是不是有了？恐怕还是个问题"。

三、建立研究思想建设的科学和研究文化建设的科学

我国侧重于文学艺术的文化理论的研究，新中国成立以后开始是受苏联的影响，主要是研究马克思列宁主义的文艺理论。十年"文化大革命"，文化理论的研究受到一场浩劫。十一届三中全会以后，随着改革开放，西方文化涌入，近几年我国文化理论的研究又受西方文化研究的影响很大，发表的一些研究文化的文章许多都是引泰勒的文化定义，走的是文化人类学的路子，也是文化、文明不分，人本主义色彩很浓。最近发表的一篇研究文化学内核的文章，主张文化学就是人化学，就是人学。近几年文学艺术领域掀起的一股性文化热、生殖崇拜文化热、原始文化热，包括各种各样的喊叫音乐、原祖生理性基础的沙哑唱法、舞蹈动作等等，也可以说是这种人本主义文化的"返祖现象"。关于文学主体性的争论，个人至上主义、自我设计理论、绝对自由观念风靡文坛，一方面固然是对十年"文化大革命"极"左"路线的"反思"，另一方面也是受了西方人本主义、存在主义文化思潮的影响。

现在许多混乱不清的议论，根源在于没有搞清楚文明、精神文明、文化的含义和界限。其实在我们党中央的正式文件中，早已说

---

① 郑必坚. 文化发展问题座谈会上的发言 [J]. 自然辩证法报，1988(10).

清楚了。我们党的十二大报告指出，人类文明包括物质文明和精神文明两大部分，这是人类改造客观世界和主观世界的成果。社会主义精神文明建设又大体可分为文化建设和思想建设两个方面。文化建设指的是教育、科学、文学艺术、新闻出版、广播电视、卫生体育、图书馆、博物馆等各项文化事业的发展和人民群众知识水平的提高，也包括丰富多彩的群众性的文化娱乐活动。思想建设的主要内容，是马克思主义的世界观和科学理论，是共产主义的理想、信念和道德，是同社会主义公有制相适应的主人翁思想和集体主义思想，是同社会主义政治制度相适应的权利义务观念和组织纪律观念，是为人民服务的献身精神和共产主义的劳动态度，是社会主义的爱国主义和国际主义等等。我们觉得也可以这样讲：社会主义文化是社会主义精神文明的客观表现，社会主义思想是社会主义精神文明的主观表现。

因此，在研究意识社会形态的宏观基础理论、精神文明学之下，应该有两个方面的学问：一方面是研究思想建设的；另一方面是研究文化建设的。社会主义思想建设的学问，我们认为属现代科学技术体系中行为科学[1]这一大部门，包括思想教育的学问如伦理学、德育学、社会心理学、人才学，以及做具体思想教育工作的学问。当然，引导、控制人们行为的还有法学，那也属行为科学。这方面现在已受到重视，正在开展工作，在这里就不再多说了，只指出行为科学也属于研究意识社会形态的科学体系。

研究社会主义文化建设的学问是我们称之为文化学[2]的这门学问。我们提出的文化学，有别于以上的各种文化理论，它是关于社会主义精神财富创造事业的学问，关于社会主义文化建设的学问。这曾引起了一些争论，主要是在名词概念上。我们觉得一是有些同志误解了，把文化学、文艺学等同于过去的文艺理论了；二是有些同志忽视了它的重要性。其实我们现在正缺少这样一门学问，正需

① 钱学森. 谈行为科学的体系 [J]. 哲学研究，1985(8).

② 钱学森. 研究社会主义精神财富创造事业的学问——文化学 [J]. 中国社会科学，1982(6).

要建立这样一门学问。因此，我们觉得有必要对文化学的目的、任务、对象、内容作进一步的论述。

我们提出的文化学的目的、任务，是研究文化和生产力的关系，文化建设和经济建设的关系，意识的社会形态的变化发展和整个社会发展变化的关系，研究社会主义文化建设的规律，研究社会主义文化的组织、建设、领导、管理问题，为社会主义初级阶段文化系统工程提供理论依据。当然，最终目的是为了提高全民族的科学文化水平，为四化、为改革服务。

文化学的研究是有一定基础的，基础就是社会主义文化建设各个方面的各自学问，按党的十二大报告中提到的几个方面，就有教育学、科学学、文艺学、出版学、体育学、广播电视学等。但文化学不是要去代替这些学科，也不是把这些学科简单地加在一起，而是要综合所有这些分支学科，而成为文化建设的学问。文化学的这些分支学科现在都有人在研究，有许多经验成果可以作为文化学的基础材料。

例如教育学的研究。有的人提出可以把学校教育分为三段：初等教育，6～12岁，达到初中水平；中等教育，12～18岁，达到大学二年级水平；高等教育，18～22岁，达到硕士水平。现在实验已经证明，对小学生可以搞理论思维的培养，可以把入学年龄提前。如果从4～14岁搞十年一贯制教育，使培养的学生达到大专水平，再读四年到18岁达到硕士水平，这样可以缩短成才时间，提高教育质量。将来随着电子技术的发展，脑力劳动和体力劳动的差别要逐渐消灭，每个公民都要达到现在硕士水平。那时的研究生院可能要达到高级研究院的水平，而且是完全开放的，研究生可以自选专业、课程，师生之间也可以互相选择。我们不妨这样来设想中国未来面向21世纪的教育。

又如科学学的研究，其中包括科学体系学、科学能力学（有的叫科学组织学）、科学政治学（或者叫科学社会学，研究科学和社会发展的关系）。科学是认识世界、改造世界的学问，过去把它分为自然科学、社会科学、哲学，这还没有讲清楚。对自然科学不能只强调改造客观世界而不重视认识客观世界；只重视应用研究而忽视基础研究。在社会科学中又没有把应用科学包括在内，不符合马克思主义理论联系实际的观点；而且过去太强调阶级性，有点片面，应该强调真理性，当然这里主要是指相对真理性，而不是什么绝对的终极的真理性。现代科学技术也是世界一体化的，科学文化没有国界，不能关起门来搞。基础科学研究也完全可以利用别国的基础设施。我们可以利用国外科学研究中心的设备，这样可以一下子进入世界现代化水平。这里涉及出国研究生的问题，可以把他们的研究工作作为我国整个研究工作的一部分，纳入我们的计划，真正做到世界一体化。

再说文艺学的研究。这里的文艺学不是过去的文艺理论，而是作为文艺社会活动的学问，是关于文学艺术活动的组织、领导、管理、建设的学问，也可以包括文艺体系学、文艺组织学、文艺社会学几个方面。文艺体系学的体系包括小说、杂文，诗词、歌赋，美术（包括绘画、雕塑、工艺美术），音乐，技术美术（或称工业设计），综合艺术（如戏剧、歌剧、电影、电视剧），服饰，美容①。当然这种分法还可以研究。苏联有一位哲学家美学家卡冈②也研究过艺术形态学，也是讲文艺内部结构的。这些问题都可以进一步研究。

还有体育学、新闻学、出版科学等等，都有人在研究。其实社会主义文化建设除了上面讲到的教育、科技、文艺、体育、新闻出版、广播电视六个方面以外，还有建筑园林（古迹）、展览馆、博物馆、科技馆、旅游、花鸟虫鱼③、美食④、群众团体和宗教⑤七个方

---

① 钱学森. 美学、社会主义文艺学和社会主义文化建设 [J]. 文艺研究，1986(4). 钱学森曾提出文艺包括这里的七类外，还包括建筑、园林和烹饪这三类，现在这三类移出文艺，另立为文化部门。

② 莫·卡冈. 艺术形态学 [M]. 凌继尧，金亚娜译. 北京：生活·读书·新知三联书店，1986.

③ 钱学森. 养花是民族文化的一部分 [N]. 花卉报，1986-06-13.

④ 在这以前钱学森曾建议把烹饪归入文艺，现在我们受何冀平同志《天下第一楼》话剧及其热烈评论的启发，把它作为文化建设中的一个部门，并称之为"美食"。

⑤ 罗竹风，黄心川. 宗教 [M]//中国大百科全书宗教卷. 北京：中国大百科全书出版社，1988：5.

面。这些都有它各自的学问。

文化学要利用这些基础素材，运用系统工程的方法，阐明它们的关系，找出其中的规律，使它们协同运行，发挥最大的社会效用。要搞文化设施、文化环境的系统工程学，把教育、科技、文学艺术、广播电视、体育卫生、群众的文化娱乐活动等等，作为一个相互联系的整体的系统工程学，为社会主义文化系统工程提供理论依据。这里对教育、科技、文学艺术、广播电视、体育卫生、群众文化娱乐活动等等的研究不是分门别类去研究，而是作为一个系统整体，一个综合体系来研究。

四、研究方法

以上我们提出了一个研究意识的社会形态的科学体系，在宏观高度上总揽全局的是精神文明学。下面分两大部分，研究思想建设的是行为科学，研究文化建设的是文化科学。这都不只是一门学问，而是科学的一个部门。在文化科学中，综合全局的是文化学，作为文化学基础的有教育、科技、文艺、建筑园林、广播电视、新闻出版、体育、图书馆博物馆（展览馆科技馆等）、旅游、花鸟虫鱼、美食、群众团体和宗教十三个方面的学问。这个学科体系要花很大气力去经营发展，但这是我国社会主义建设所必需的。体系有了，最后我们就讲讲研究这些学问的方法问题。

总的讲，要运用古今中外的历史经验和现实经验，决不要有先入之见，而要实事求是。例如宗教是不是文化？我们国家现在就有几十个少数民族在祖国的大家庭里，而少数民族的文化生活中，宗教常常是非常重要的。这是客观事实，不容忽视。我国的国家机构中就有国务院宗教事务局。再如花鸟虫鱼，这是人民爱好，也是一项事业，怎么不是文化呢？所以重视历史和实际才能避免主观性和僵化。

至于方法问题，我们有马克思主义的科学方法，也就是辩证唯物主义和历史唯物主义的方法，还有现代系统科学的方法。搞意识的社会形态科学必须要用辩证唯物主义和历史唯物主义的科学方法，以避开唯心主义和机械唯物论这两个泥坑。我们还必须用现代系统科学方法，因为社会主义精神文明建设是一个极为复杂的社会系统工程。马克思讲，人是社会的人，人是生活在具体社会环境里的人。现在有些人要求把生活在中国的人和生活在美国的人一样对待，搞人本主义，这不是历史唯物主义的态度。社会系统非常复杂，像中国这个社会系统就有十亿多人口，包括汉族在内的56个民族，语言、习惯、思想都不一样。人的行为远比动物复杂，因为人有意识，人更不同于没有生命的物体，他受自己的知识、意识的影响，受社会环境影响。所以人类社会系统是一个开放的复杂的巨系统。而意识的社会形态是这个社会复杂巨系统中的一个有机组成部分，它和经济的社会形态、政治的社会形态密切联系在一起，组成一个社会整体(图1)。经济的社会形态的飞跃就是经济革命，政治的社会形态的飞跃就是政治革命，意识的社会形态的飞跃就是真正的"文化革命"。精神文明学要研究人的意识的社会形态的变化和整个社会发展变化的关系，研究精神文明建设发展的规律，研究社会主义文化建设和社会主义思想建设的学问。这是一个非常复杂的社会系统工程，一定要用系统工程的观点，运用系统的理论。在意识的社会形态的科学体系中居于精神文明学下的文化科学包括教育、科技、文学艺术等等许多方面。而文化科学中的综合学科、文化学不是去分别研究这些内容，而是要研究它们的关系，把它们作为一个系统整体来研究，研究作为整体的文化的发展规律，研究怎样使它们协同运动，和整个社会协同运动，以发挥最大最好的社会效用。要把教育学、科学学、文艺学、体育学、新闻出版学、广播电视学等等都综合在一起，形成系统化的文化学的科学理论，为中国社会主义初级阶段的文化系统工程提供理论依据。

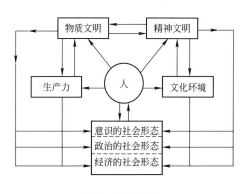

图1　社会形态

6 关于建立城市学的设想^①

我觉得要解决当前复杂的城市问题，首先得明确一个指导思想——理论。因为按照马克思主义原理，实践是要在理论指导下的，理论要联系实际，但必须有理论。实际问题我提不出意见，但能不能够讲点理论，从远一点的地方讲起，先讲讲有必要建立一门应用的理论科学，就是城市学。

在城市学这个问题上，我基本同意北京社会科学院宋俊岭同志的关于城市学的那篇文章，我认为城市学是一门应用的理论科学，它不是基础科学，或者说是一种技术科学，不是基础理论。

那么，为什么要提出城市学呢？

国外也是从具体工作出发，先提出来要搞城市规划，这个他们提得很久了。他们后来也发现，要搞好城市规划，就要有理论依据，这才开始提出城市学这门学问，我觉得这一点是对的。

城市学是研究城市本身的，它不是什么乡村社会学、城市社会学等等，而是城市的科学，是城市的科学理论。有了城市学，城市的发展规划就可以有根据了。所以从这样一个关系说，城市规划是直接改造客观世界的，直接改造客观世界的学问叫工程技术，这类学问，如土木工程、水利工程、电机工程等等。那么城市学是城市规划的一个理论基础，所以它是属于技术科学与应用科学类型的学问。它比城市规划就更理论一些，但与许多社会科学与自然科学的基础科学如政治经济学、地理学等等比较起来，它又是应用的，所

---

① 原文刊于《城市规划》1985 年第 4 期。

以它是中间层次的。

对这样一门学问的研究，湖南省的魏方同志说，必须用马克思主义的哲学来指导，这很对。因为，马克思主义哲学是指导我们一切科学研究的基本的从人类对客观世界的总的认识概括起来的学问。我觉得在这一点上我们比西方国家先进。因为西方国家在这个世纪发展起来的所谓城市学，当然说不上用马克思主义哲学指导，而我们必须用马克思主义哲学来指导这门科学的研究。也就是说我们要从辩证唯物主义与历史唯物主义的观点来看待这个问题，而西方国家的城市学不免就事论事，不够彻底，眼光短浅。我们要从人认识客观世界的高度来研究城市学。当然我不是在这里叫人不要解放思想。我的意思是，我们研究任何事物不能没有一个正确的指导思想，我们最好的指导思想是马克思主义哲学，而我们的研究结果，又反回来可以充实与深化马克思主义哲学。在这一点上我觉得我们历来就是如此。马克思、恩格斯、列宁、毛泽东同志都是这样的，我们不能背离马克思列宁主义的普遍原理，但也不是所有经典著作上的一句话就把我们限制住了，这是我建议研究城市学这门学问的一个根本出发点。

第二，城市学要研究的不光是一个城市，而是一个国家的城市体系，这个观点在国外是没有认识到的。所谓城市，也就是人民的居住点或区域，也就是大大小小的人民聚集点形成的结构，这种结构是由人的社会活动需要形成的。不同的时代，生产力和生产关系不一样，这样的结构也是不一样的。所以说，影响这种结构的基本力量是生产力。当然，生产力的发展也是受社会制度影响的，上层建筑反过来又会影响基础。从这样一个认识出发，我觉得我们今天研究城市学必须看到今天生产力的发展，而且为了搞好规划，还不能够光看到今天生产力的发展，还要看到现在的科学革命、技术革命会导致什么样的生产力发展，也就是说看看这些发展到 21 世纪将会如何。由于通信技术与交通运输技术的发展，人的聚集会达到什么程度？人聚集在一起是为了信息传递和物资运输的方便，但由于通信技术与交通运输技术的发展，这些情况是否会有所变化？我们看到国外一些大城市的发展已经显示出这个影响了，国外有的城市由于过大，后来反而疏散出去了，纽约市就是这个情况。起先人都往城里挤，后来受不了啦，又跑出去了，因为跑出去更好过些。所以我觉得我们要充分地考虑这样一个问题。根据这一设想，我国城市的体系可分为这么四个层次，最小的是集镇，数目最多，有几万个；往上是县城，有 1000～2000 个；然后是中心城市，人口几十万人，全国有百十来个；最后是大城市，人口在 100 万人以上，全国有 20～30 个。如果说还有第五级，那就是首都。所以城市学要考虑的问题，必须包括现代科学技术的发展，生产力的发展，我国逐步走向从集镇到大的城市结构。这样城市学不光是研究一个城市的问题，要研究整个国家的城市问题，整个国家的城市体系，有体系就有结构，这个首先要搞清楚。

再一个是今后我们城市的发展还有一个专业化的问题，就是同一级的城市也不见得完全一个模式。比如说鞍山，就是钢铁城；现在中央刚刚批准上海市发展规划，上海的突出点就是一个港口，宁波、上海、连云港这样一些城市，都是港口城市；河南省平顶山是煤炭城。我想将来一定还会有其他专业城市，比如有科学城、金融城、旅游城等等。所以从现代社会的发展来看，城市不是一种模式，而是可能向专业化的方向发展。

为什么要这样来研究城市的问题？这就是系统科学的观点，系统就不能够割离开来研究，因为系统组成的部分相互都是有密切关系的，割离开来就不成其为系统。刚才说四级的城市结构，谁也离不开谁，大城市离了小城市不行，小城市离了上级的大城市也不行，这是一个完整的有机的结构。而在系统科学里面有一条，就是整体并不等于局部的总和，这个原则是很突出的。就是把很多单独的东西加在一起相互作用了，最后的结果并不等于原来这些东西的和，它是有飞跃、有变化的。西德的一位科学家哈肯称此为"协同学"。

我国的城市学要用上述基本思想来研究。很显然，这样一个问题不研究清楚，我们讨论哪一个城市的规划都有一点失去依据，有一点想当然！客观的关系到底是什么关系必须要研究清楚。

上面说了城市学还是一门中间层次的科学，属于应用理论科学，这里我再补充一下，有没有这方面的基础科学？我觉得是有的，而且我们现在已经开始在做这方面的工作，实际上更基础的理论要用老的话讲是自然地理。地理就是研究我们人民居住的国土上有些什么客观规律的东西。但光是从经典的自然地理方面研究还不够，因为现在我们居住的这个国土上，还受许多外面因素的影响，比如大气的影响、地震的影响等等，所以前几年我提出要研究我们所居住的周围环境的学问，这个学问叫地球表层学。什么意思呢？就是从地壳开始，因为地壳也在变动，有的部分升上来了，有的地壳沉到更深的下面去，所以地壳下面并不是固定的，而是变化的。上面的因素则更多了，受太阳辐射和宇宙线的影响。这样一个环境的全部叫地球表层，也就是上面到大气、大气外面，下面到地壳，这就不光是地理的问题了。地理主要指地球表面，当然也涉及地表水、地下水这些问题，我是说更深一点、范围更大一点，比地理学、自然地理、国土地理范围还要广些。

除了地球表层学属于自然的客观条件的研究以外，还有人的作用，人的作用最重要的就是经济，这方面的研究工作现在也在积极展开，就是研究经济地理学。大家热烈讨论的就是区域规划、经济模型这些问题。现在中央、国务院定了一个区域，就是上海市加江苏、安徽、浙江、江西四省算一个区域。那么其他区域怎么样？这些问题都要研究。还有，进一步研究这些问题应该引用数学的理论；最近看到上海交通大学管理学院决策科学系汪康懋同志提出了《人口场论》的论文，把人口密度比作电场一样，形成人口势，从中推导出一些关系，我不是说这就是最终的理论了，但这样一种研究是值得注意的。就是我们不能光停留在定性描述上，还要定量，这样的研究工作应该开展。

把地球表层学、经济地理学，再有一个定量的数学理论等几个方面加在一起，我又起了个新名字，叫数量地理学，看是否可以。这就又科学又定量。数量地理学比城市学理论的层次就更高一些，属于城市问题方面的一门基础科学。这样就描述了从城市规划这个直接改造客观世界的工程技术到它的理论基础即城市学，再提高到城市学的理论基础即数量地理学这三个层次。我认为所有的科学技术都是这样分为三个层次：一个层次是直接改造客观世界的，另一个层次是指导这些改造客观世界的技术，再有一个是更基础的理论。在我们这方面就是城市规划—城市学—数量地理学这样一个城市的科学体系，我们要搞好城市建设规划发展战略，就有必要建立这样一个科学体系。

7 园林艺术是我国创立的独特艺术部门[①]

我不是艺术家，也不是建筑家，但每次游览我国的一处园林，或就连车过分隔北京城里北海和中南海的大桥时，总为祖国有这一独创的艺术部门而感到骄傲。在 20 多年前就写过一篇文字，不久前又重新刊登在 1983 年第 1 期《旅游》杂志上，题目为《不到园林，怎知春色如许——谈园林学》；后来感到意犹未尽，又写了一篇《再谈园林学》，登在 1983 年第 1 期的《园林与花卉》杂志。但现在想来，园林毕竟首先是一门艺术，称"学"不太合适。而且从今天的眼光来看，它又是为城市建设服务的，所以才整理出这篇东西投稿给《城市规划》，向同志们请教。

（一）

什么叫"园林"？什么叫"园林艺术"？现在用词很泛，报刊上常把哪个园子种了些树就称"园林"。《光明日报》1983 年（下同，不再注明年份）9 月 26 日第 1 版有个标题《昔日一片荒漠，如今满目葱茏》，说是在甘肃省临泽县的一个学校，在周围种了很多树木，成了"园林"式的学校；《经济参考》8 月 30 日第 1 版，标题为《沙荒变园林》，说的是山东寇县、莘县的林场在一片沙荒上种了树，就成了"园林"。其实这不叫"园林"，应该叫"林园"，因为这只是有林的园子。我们说"园林"是中国的传统，一种独有的艺

---

① 本文是钱学森 1983 年 10 月 29 日在第一期市长研究班上讲课的一部分，经原合肥市副市长、园林专家吴翼从录音整理成文字稿。原文刊于《城市规划》1984 年第 1 期。

术。园林不是建筑的附属物，园林艺术也不是建筑艺术的内容。现在有一种说法，把园林作为建筑的附属品，这是来之于国外的。国外没有中国的园林艺术，仅仅是建筑物附加上一些花、草、喷泉就称为"园林"了。外国的 landscape、gardening、horticulture 三个词，都不是"园林"的相对字眼，我们不能把外国的东西与中国的"园林"混在一起。例如，天安门前观礼台拆除后布置了些草坪，没有中国味，洋气，这是外国的做法，故宫、颐和园哪有这种做法呢？当然绿化工人是费了很大劲才把它搞起来的，问题在于根据什么思想，不是中国的园林艺术，而是西化了。中国园林不是建筑的附属品，园林艺术也不是建筑艺术的附属。

其次，中国园林也不能降到"城市绿化"的概念。《人民日报》7月31日第8版所报道的一些都是"绿化"，不是"园林"。《北京日报》8月23日头版头条也报道："本市制定今后五年园林绿化总体规划，市府聘请五位园林顾问"。我认为我们对"园林"、"园林艺术"要明确一下含义；明确园林和园林艺术是更高一层的概念，landscape、gardening、horticulture 都不等于中国的园林，中国的"园林"是他们这三个方面的综合，而且是经过扬弃，达到更高一级的艺术产物。要认真研究中国园林艺术，并加以发展。我们可以吸取有用的东西为我们服务，譬如过去我国因限于技术水平，园林里很少有喷泉，今后我们的园林可以设置流动的水，但不能照抄外国的建筑艺术，那是低一级的东西，没有上升到像中国园林艺术这样的高度。

（二）

中国园林艺术是祖国的珍宝，有几千年的辉煌历史。中国的园林可以看成四个层次：

第一层次，最小的一层是"盆景"——微型园林。后来发展的园林模型也属于这一类型。例如，英文刊物《中国建设》1983年第7期记载，浙江省温州的叶继荣组织全家人制作大观园模型，已在各地展出，就属于这一类。

第二层次是"窗景"。苏州的窗景在室内看出去有"高山流水"之感的景观，整个也只几米大小。当然也有自发的发展。《科学画报》1983年第1期介绍了广州白天鹅宾馆中的布置，中庭的花坛、瀑布，是属于苏州"窗景"一类的，也是小型园林。

第三层次就是"庭院"园林。南方比较多，像苏州、扬州的庭院都属于这类，小的几十米，大的一二百米范围。

第四层次是"宫苑"。如北京的北海、圆明园等，规模比较大。

中国园林主要是庭院园林和宫苑园林。北方的园林宫廷气味很浓，如避暑山庄、香山、颐和园等；江南园林民间气息较多，巧而秀丽；扬州园林介于二者之间。可能还有第四种，就是广州的岭南园林，里边建筑物较多。

中国园林可以分以上的四个层次，这四个层次可以看成是中国传统的园林艺术，我们要认真研究。我国在这一领域有不少专家、权威，上海同济大学的陈从周教授就是一位，他们都是我的老师。

我们对传统的园林艺术要研究，要发掘，但是还要前进。如何进一步发展呢？举个例子说：北京天安门广场现在气魄很大，怎样把它园林化呢？这是个新课题。我不同意几块草坪，再种点花的这种做法。我在这里出个主意：对广场要增加气魄，方法上可用石雕的兽和人像等等来装饰。过去皇帝的陵寝墓道两边、大殿前面，都用石狮、石兽。为什么现在不用这些有中国自己特点的东西来装饰呢？再举一件事，从前房子不高，太和殿一层是比较高的，但太和殿再高也比不上北京饭店。现在高层建筑成了方盒子，不太好看，外面颜色也是这样的一些，北京灰烟又大，几年之后是不会好看的。为什么不搞出中国特色？在高层建筑的侧面种些攀缘植物，再砌筑高层的树坛种上松树，看起来和高山一样，这是可以的呀。总之，要用中国的园林艺术来加以美化。

（三）

现在农村形势发展很快，已经出现小城镇——初级城市，那么大城市、中心城市怎么办？如何美化？要以中国园林艺术来美化，使我们的大城市比起国外的名城更美，更上一层楼。据说规划中的莫斯科城，绿化地带占城市总面积的 1/3，那么我们的大城市、中心城市，按中国园林的概念，面积应占 1/2。让园林包围建筑，而不是建筑群中有几块绿地。应该用园林艺术来提高城市环境质量，要表现中国的高度文明，不同于世界其他国家的文明，这是社会主义精神文明建设的大事。去埃及看到金字塔，它反映了埃及的古老文明；怎样才能使人体会到中国的社会主义精神文明呢？我认为要重视并搞好环境美，要充分应用祖先留下来的园林艺术珍宝。

现在我们在这方面做得不够，今后首先要培养人才，培养真正的园林艺术家、园林工作者。现在有一所大学开了个园林绿化专业。据我了解，尽是一些土木工程的课，这样是培养不出真正的园林艺术人才的。我觉得这个专业应学习园林史、园林美学、园林艺术设计。当然种花种草也得有知识，英文的"gardening"也即种花，顶多称"园技"；"horticultre"可称"园艺"，这两门课要上，但不能称"园林艺术"。正如书法家要懂制墨，但不能把研墨的技术当作书法艺术。我们要把"园林"看成是一种艺术，而不应看成是工程技术，所以这个专业不能放在建筑系，学生应在美术学院培养。从这个思想推演，我们应该成立独立的园林工作者协会。去年有人跟我说要在中国科协下设中国园林学会，我说应该在中国文联下面成立这一组织，因为这是艺术。但现在来不及了，园林学会已经在中国建筑学会下成立了，对外称中国园林学会。大家如此认识问题，也就只好如此，总比没有专门的园林工作者组织好。

要培养专家，也要培养园林技术工人。

说到工人，联想到古典园林的保护问题。要继承发展中国园林艺术，就必须保存好现有的古典园林。现在有许多园林都被一些单位占了，要下决心把占用的单位请走；另外，要保存好，要修复好。怎样保存修复呢？现在的做法是粉刷一新，金碧辉煌，不是原来的风味了。在这方面，我们要向国外学习，他们的古典建筑尽量保存，并且维持原来的格调，而不是把它"现代化"。保持原来面貌这点应值得注意，这里有一套学问。我国已确实有文物保护研究所，各地区要支持本地区有关部门把这项工作做好。另外，还要考虑古代园林建筑如何适合于现代中国。古代帝皇园林建筑的色彩沉重、深暗，明亮的少；颐和园建筑色彩就太重，是否可以作些试验改变些色调？使它更适应今天在中国园林应该有的功能，让人们舒畅地休息，感到愉快，在精神上受到鼓舞。这也是进一步研究和发扬园林艺术的问题。

8 再谈园林学[①]

关于园林艺术的问题，26 年前我有篇登在《人民日报》上的短文，题为《不到园林，怎知春色如许——谈园林学》，今天看，局限性很大，意犹未尽。现在应《园林与花卉》编辑部同志之约，为创刊写这篇短文，也是我预祝《园林与花卉》杂志，为祖国社会主义的精神文明建设作出积极的贡献。

（一）

先说园林的空间。园林可以有若干不同观赏层次：从小的说起，第一层次是我国的盆景艺术，观赏尺度仅几十个厘米；第二层次是园林里的窗景，如苏州园林的漏窗外小空间的布景，观赏尺度是几米；第三层次是庭院园林，像苏州拙政园、网师园那样的庭园，观赏尺度是几十米到几百米；第四层次是像北京颐和园、北海那样的园林，观赏尺度是几公里；第五层次是风景名胜区，像太湖、黄山那样的风景区，观赏尺度是几十公里。还有没有第六层次？也就是几百公里范围大的风景游览区？像美国的所谓"国家公园"？从第一层次的园林到第六层次的园林，从大自然的缩影到大自然的名山大川，空间尺度跨过了六个数量级，但也有共性。从科学理论上讲，都是园林学，都统一于园林艺术的理论中。

不同层次的园林，也有不同之处："游"盆景，大概是神游了，可以坐着不动去观看，静赏；游窗景，要站起来，移步换景；游庭

---

① 原文刊于《园林与花卉》1983 年第 1 期。

园，要漫步，闲庭信步；游颐和园，就得走走路，划划船，花上大半天基至一整天的时间；游一个风景区就要有交通工具了，骑毛驴，坐汽车、乘游艇、汽轮，开摩托车等；更大的风景区，将来也许要用直升机，鸟瞰全景。所以，第五层次的园林，要布置公路，而第六层次的园林，除公路外，还要有直升机机场。这算是不同层次园林的个性吧！园林大小尺度可能有上述六个层次，当然，小可以喻大，大也可以喻小，这就是园林学的学问了。

（二）

我国号称"花园之母"，名园遍及全国各地，为世人所称颂。但我们不要为此而不求进步，不再去发展园林学。其实新中国成立以来，我们的建筑师、园林工程师们还是在原有的基础上，继承传统而又有新意，有过不少创造。各地新建的公园、庭园、花园、动物园、植物园和风景名胜区，以及其他一些公共游乐场所，都突破了旧社会园林为少数人享乐的框框，走向为广大人民群众服务的广阔天地。

我国园林学还要发展。为此，我国的园林工作者要打开眼界，要看看国外有什么好的东西，可以吸取，可资借鉴。

我想也许可以说，我国园林多是以静为主。而西欧园林常常以动取胜，他们的花园总要有喷泉，喷泉在夜间还要加灯光变幻。到现代，规模更加扩大了，园林中有人造急流、人造瀑布。把工程技术，如水利工程和电光技术引用到园林建设中来了。当然这些设置一般要用电力，能耗较高，不宜多用。但在我国的园林设计中如果有一些动的因素，以静为主，动与静配合使用；总体是静，个别局部是动。这不是可以开辟新的途径吗？

现代建筑技术和现代建筑材料也为园林学带来又一个新因素，如立体高层结构。我想，城市规划应该有园林学的专家参加。为什么不能搞一些高低层次布局？为什么不能"立体绿化"？不是简单地用攀缘植物，而是在建筑物的不同高度设置适宜种植花草树木的地方和垫面层，与建筑设计同时考虑。让古松侧出高楼，把黄山、峨眉山的自然景色模拟到城市中来。这里是讲现代科学技术和园林学的结合的问题，也是园林如何现代化的一个方面。

为促使园林学的发展，我前面讲了这些话。有没有道理？请大家讨论，指教。我的意思是希望园林学这门学科，要研究包括这所有不同尺度的园林空间结构的理论和实践问题。

我希望《园林与花卉》成为我国园林界的重要刊物，能集园林艺术之大成。当然，要靠大家的努力，要靠艰苦的工作，要靠团结园林界的同志们。

9 不到园林，怎知春色如许——谈园林学[①]

当我们到我国的名园去游览的时候，谁不因为我们具有这些祖国文化的宝贵遗产而感到骄傲？谁不对创造这些杰出作品的劳动人民表示敬意？就以北京颐和园来说，它本身已经是美妙的了，但当我们从昆明湖东岸的知春亭西望群峰，更觉得全园的布置很像把本来不在园内的西山也吸收进来了，作为整体景象的一个组成部分。这种雄伟的气概在全世界任何别的地方是很少见到的吧！我国园林的特点是建筑物有规则的形状和山岩、树木等不规则的形状的对比；在布置里有疏有密，有对称也有不对称，但是总的来看却又是调和的。也可以说是平衡中有变化，而变化中又有平衡，是一种动的平衡。在这一方面，我们也可以用我国的园林比我国传统的山水画或花卉画，其妙在像自然又不像自然，比自然有更进一层的加工，是在提炼自然美的基础上又加以创造。

世界上其他国家的园林，大多以建筑物为主，树木为辅；或是限于平面布置，没有立体的安排。而我国的园林是利用地形，改造地形，因而突破平面；并且我们的园林是以建筑物、山岩、树木等综合起来达到它的效果的。如果说别国的园林是建筑物的延伸，他们的园林设计是建筑设计的附属品，他们的园林学是建筑学的一个分支；那么，我们的园林设计比建筑设计要更带有综合性，我们的园林学也就不是建筑学的一个分支，而是与它占有同等地位的一门美术学科。

话虽如此，但是园林学也有和建筑学十分类似的一点；这就是两门学问都是介乎美的艺术和工程技术之间的，是以工程技术为基

---

① 原文刊于《人民日报》1958年3月1日。

础的美术学科。要造湖，就得知道当地的水位，土壤的渗透性、水源流量、水面蒸发量等；要造山，就得有土力学的知识，知道在什么情形下需要加墙以防塌陷。我们要造林育树，就得知道各树种的习性和生态。总之，园林设计需要有关自然科学以及工程技术的知识。我们也许可以称园林专家为美术工程师吧。

我国的园林学是祖国文化遗产里的一颗明珠。虽然在过去的岁月里它是为封建主们服务的，但是在新时代中它一样可以为广大人民服务，美化人民的生活。而且实际上我们国家正在进行大规模的建设，其中也包括了不少人民文化休息的场所；旧有的园林也有部分在改建。怎样把这一项工作做得好，就要求我们研究并掌握我国园林学，把它应用到这项工作里来。所以，整理我国园林学实际上也是一件有必要的事。况且我们现存的几位在传统园林设计有专长的学者又都不年轻了，再不请他们把学问传给年轻的后代，就会造成我国文化上的损失。

当然，我国的园林设计还不只是一个继承以往的问题，新的社会、新的环境、新的时代对它会提出新的要求，因而也就把园林学的内容更加丰富起来。我们可以用分隔北京城里北海和中南海的桥作例，这座桥在封建王朝的时候是很窄的，给帝王的行列走走也许足够了，可是到了人民自己做主的时代，人民的队伍和步伐要壮大得多，原来的窄桥就不够用了。在扩建这座桥的时候，也许有人会摇头叹气，不胜惆怅：其实这些人都白花心思了，扩建后的大桥比旧桥更美丽，而其豪迈的气魄也非皇帝们所能想象得出的。此外，园林设计之所以必然会有更大的发展还有另一个原因：既然限制园林设计的是工程技术的条件，而工程技术是随着时间在不断发展的。昨天不可能的事，今天就是现实的了；而今天不可能的事，也许明天就变得可以实现的了。园林设计也绝不会停留在前人的基础上的，园林学还是要继续有新发展。

我们在园林学方面的工作看来做得还不够，与我们在前面所讲的继承并发扬我国传统的园林学看来还有些距离。所以我们应该更广泛地和更深刻地来考虑发展我国园林学的问题。只要我们组织起来，有计划地开展这项工作，我国民族文化遗产中这颗明珠一定会放出前所未有的光彩！

10　环境管理是国家的一个重要功能[①]

国家的环境管理功能包括生态平衡、环境保护、地质、气象、地震、海洋以及废旧物资的回收利用。资本主义工业发达国家的教训和我们自己 30 年来的经验，使大家对环境问题开始重视了。国家颁布了环境保护法，成立了城乡建设环境保护部。许多同志还进一步提出了要把国家的生态系统引入到良性的平衡，大量增加森林覆盖面积，制止水土流失，从而保证农业生产的基本条件。不少同志还强调：必须严格控制工业的废水、废气、废渣对环境的污染，不然人民的健康要受到威胁。我国有 960 万 km^2 的陆地和附近的海域，还有下至几公里的地壳，上至几十公里的大气层，对它们应该有一个充分的了解和认识。有了对环境的了解和有关知识，还要用它来调整我们改造客观的指导思想。这方面我们一定要吸取世界各国的经验教训，结合我们自己的实践，用马克思列宁主义、毛泽东思想来制定我们的环境政策。我觉得这里还有这样一个问题，就是怎样看待废旧物资，或者叫废水、废气、废渣？据统计，我国 1981 年全国供销系统一共回收了废旧物资 1130 万 t，价值 19 亿元。而且这也仅占工农业总产值的 2.8%。具体资源按品种的回收率还没有统计。但是我们粗略作一比较就可以看出远远不如国外一些国家所达到的数字。如西德，锡的回收率就达到 46%，铅达到 45%，纸达到 60%，铜达到 40%，钢达到 70%～80%，铝达到 25%～30%，锌达到 20%～25%，玻璃达到 15%。我们对于回收

---

① 本文摘自 1982 年 11 月 2 日钱学森在中共中央党校的讲课：《研究和创立社会主义现代化建设的科学》，原文刊于浙江教育出版社出版的《论地理科学》一书第 14～15 页。

废旧物资和"三废"处理问题，要提高认识。不要只把眼睛盯在"废"字上，要把它看成是资源，而且这个资源不必去开采，是送上门来的。已经到了手的东西不要扔！这个问题从前我们也说要重视，但是恐怕消极的方面想得多了一点，积极的方面想得少了一点。把废的东西扔掉，实际上是浪费了国家的资源。此外，扔了以后，它还造成祸害，污染环境。类似这些方面还有很多很多工作要做。如城市垃圾，想办法搞成城市沼气，不就成了能源了吗？总之，环境管理非常重要，工作也很复杂、艰巨，是一项复杂的系统工程技术——环境系统工程技术。

11 生态经济学必须关心长远的环境 问题和资源永续①

今天是中国生态经济学会成立大会，我是一个外行，但是我想，我们必须关心环境和资源问题。在这个问题中；不仅有自然科学技术问题，就我国目前情况来看，更主要的是经济问题。我向中国生态经济学会的成立表示祝贺，同时就环境和资源问题讲讲自己的看法。

第一点，我想，真正关心我们的生活环境，只讲生物圈，讲人与生物圈，概念似乎不很确切。中国科学院地理所年轻的研究人员浦汉昕同志说："我们要考虑的问题，是整个地球的表层。"就是与人的社会有密切关系的上至大气对流层，下至整个岩石圈的上部，我很赞成这样的说法。我们研究环境这门学问，实际上就是地球表层的学问，或叫地球表层学。这个巨大的范围是一个巨大系统，它并非是与其周围隔绝的，而是一个开放的、运动的、有交换的系统。如太阳能被地表接收，经过一系列变化，又把这个能量作为低温辐射放回太空中去，这就是一个很大的变换。即使岩石圈下面，根据地球板块学理论，它也是同地球内部更深部分有交换的。就是说，这个开放的系统就是我们要研究的对象，它不仅大而且有很多层结构，相当复杂，那么我们要搞好环境经营管理，就必须开展多学科综合研究，要提倡多学科交流讨论。

去年在北京召开过一次全国天文、地质、地震、气象相互关系

---

① 本文为钱学森1984年2月14日在全国生态经济科学讨论会暨中国生态经济学会成立大会开幕式上的讲话。

学术讨论会，这个会很好，有许多问题联系起来用现有的系统工程方法来研究，很有必要；但还很不够，如何搞好良性循环而不是恶性循环，有很大学问，如何研究它，要引导我们所需要的良性循环或稳定在我们所需要的那个好的环境，这样的理论还要我们去开拓。

我们要建立环境系统工程的理论科学，那么我们就要研究地球表层学，而地球表层学的建立，又要靠多学科的综合，要靠系统科学，要靠系统学的深入研究。

第二点，我们这个学会是研究生态经济学，我们要考虑现在和子孙后代，就是要考虑资源怎么不断为人类利用，做到持续利用的问题。例如，如何看待"三废"。我们以资源的观点来看，"三废"不是废，恐怕是宝，是送到我们家门口、不需要开采的资源。从前在旧社会，老头子背个篓筐，拾废纸，在篓子上写着"敬惜字纸"。现在自然不要"敬"字了，但还要"惜纸"。就是在资本主义国家，如西德废纸的 60% 都回收再利用了，钢铁回收率达到 70%～80%。只有资源回收再加以利用，才能够把我们地球上的资源一次又一次利用，我们的子孙后代也可以再用下去，要不然将来怎么办？

"三废"不回收就会污染环境，例如烧煤将二氧化硫排入大气，它又形成酸雨，影响很坏。但二氧化硫是生产硫酸的原料，本来是个宝贝，你不用，它就成了公害。这些问题我觉得非常重要，同时对回收物的再利用也是一个很复杂的问题。充分利用"三废"是我们社会主义经济的一个组成部分，不能像现在这种状态，浪费太厉害，而且污染、影响环境。这些浪费并不是我们没有能再利用的技术造成的，恐怕经济上的问题是主要的。有人说笑话：工厂污染严重，如果罚款，一个月罚几十万他都不在乎，但是，如果罚厂长的话，只需罚几十元，问题就马上解决。我们是研究生态经济的，从现在的情况看，主要的问题还是经济问题，当然也有自然科学和技术的问题。总而言之，变废为宝，充分利用自然资源，这样才能搞好资源的永续利用。

我谈的主要就是以上两点。最后，我祝愿中国生态经济学会为社会主义建设作出重大贡献，我相信中国生态经济学会一定能为我们社会主义建设作出重大贡献。

12 为了 2000 年，我想到的两件事

——致《新建筑》① 编辑部的信②

《新建筑》编辑部：

我曾先后从陶世龙③同志那里收到贵刊 1983 年第 1 期和 1984 年第 1 期，他也向我传话说，要我向编辑部讲讲对建筑学问题的意见。已经过了一段时间了，讲什么呢？现在想到的是两件事，都是关系到 2000 年我国建筑事业的，关系到 21 世纪我国建筑事业的，但我想我们现在就该动手，不然就晚了，会误事。

第一件事是发展工业化的建筑体系，发展建筑构配件和制品的专业化、社会化生产。这在外国也叫体系建筑，搞了几十年了，但看来问题不少，没有完全实现。我想我国人口众多，而且到 20 世纪末 21 世纪初，生产将有历史上前所未有的发展，人民生活将大大提高，建筑业的任务是十分繁重的，要高效益地完成这项艰巨任务，再靠现在的老办法是远远不够了。用什么现代化方法呢？当然是工业化大批量流水线生产方法。专业化工厂生产建筑构配件和制品，然后运到现场装配成建筑物。

这不只是个建筑施工和生产问题，可能更根本的问题在于建筑学思想的革新如何用标准化的建筑构配件和制品建造成多样化、能

---

① 《新建筑》杂志，华中理工大学建筑系主办的建筑科技期刊，季刊，1983 年创刊。

② 原文刊于《新建筑》1985 年第 1 期。

③ 陶世龙，科普作家，时任中国科普作协副会长。《新建筑》杂志主编陶德坚之胞弟，当时应其姐要求向钱学森征集对建筑学的意见。

适应各种要求的美观建筑物？建筑师的才华不是受到束缚，而是要求更高，要设计的不是一座大楼，而是设计整个建筑体系，整整一个时代各种各样建筑所组成的体系。也许就是因为这个原因，在分散经营而又缺乏全局规划的资本主义国家，体系建筑难于实现。那么，这不正是我们社会主义制度优越性大有可为的场所吗？

第二件事是构建园林式的城市。我从前讲过点这方面的看法。但近日读到上海市未来研究会印的《2000年的上海》，其中有一篇梅松林、陈正发、徐根宝、曹林奎和翟元弟等五位同志写的《初论2000年上海的立体农业》，把这个问题发展了，讲得好。我现在把它录在下面：

"日本横滨市是仅次于东京的全国第二大城市，在《横滨21世纪》规划中确定：'为了向市民提供新鲜蔬菜和保护绿化，并为万一遇到灾害时准备空地，要考虑采取措施和发展市内的农业。'主要措施有三：第一，生活区四周要增添绿化，不论在路边、宅旁或窗前、屋顶上，要动员市民绿化。第二，筹建公园和绿地3万亩。第三，确保市区有优良的农地。1980年市内农田为5.9万亩，同时要扩大城市化调整区内的农用田。横滨之所以如此高度重视市区农业，是因为随着日本经济的高速发展，横滨市人口急剧增加，城市宝贵的绿地和农田越来越小，1965～1974年十年内，全市减少农业和山林面积18万亩，转变为住宅等用地。'急剧的城市化，损害了美丽的田园景色，把市民接触自然场所缩小了，使市民的生活变得枯燥无味'，在横滨21世纪规划中提到确立有生命力的横滨经济时，把稳定城市农业生产作为首要任务。国外，不仅仅日本，即使像加拿大这样一个地多人少的国家，仍在发展市区农业。像日本70％的谷物靠进口的国家，还如此重视和发展市区农业，那么，作为上海，发展市区农业的重要性是毋庸置疑的。

我国大多数城市的建筑用地和铺装路面，约占整个城市用地面积的2/3以上，剩下的土地，即使全部用于绿化，也不能从根本上改善城市的环境。特别是上海，问题更突出，人口密，建筑拥挤，工厂林立，环境污染严重，平均每人所占绿地面积极少，为全世界各大城市中倒数第三名，仅占0.46m²；而华盛顿为40.8m²，巴黎

24.7m²，伦敦 12m²，东京 1.2m²。因此发展城市立体农业有着特殊的地位。城市农业可以种攀缘植物(爬山虎、葡萄、猕猴桃等)，依附建筑物生长，基本不占地；也可以发展屋顶农业，阳台农业，种花草、蔬菜和经济作物；更可以利用庭园内空间，如棚架、门庭、栅栏或者宅旁空地种各作物，这样就能使城市无处不绿，恢复田园风光。如南市区，近年来共种十多种藤本植物一万多棵，发展棚架绿化 2600m²，窗台、阳台和室内盆栽 123400 多盆，已收到了明显的绿化、美化效果。市区的立体农业有以下四个方面：

1. 屋顶绿化。预计到 2000 年上海平屋顶绿化将有较大的发展。现在多处已试验成功，种的作物有花卉、蔬菜、果木和花生、棉花等，收到了保护建筑、减少污染、美化环境、增加收益等多种效果。由于高空阳光充足、温差大、湿度较小、通气好，屋顶农作物长势和生长力都比地面良好。有的单位利用五层楼屋顶栽培葡萄，葡萄下的土壤表面覆盖草莓，葡萄病害少，着色好，糖分含量高。屋顶承压为 300~400kg/m² 的，可造屋顶花园；承压中等的，可种橘子、美人蕉等林木和花卉、蔬菜；承压较差的，可种草皮。

屋顶绿化要解决两大难题，即防治风害和制造培养土——要求轻质、无毒、价廉、来源广、适合农作物生长。今后屋顶绿化要和无土栽培、太阳能、风能的利用结合起来。上海市区目前绿化覆盖率仅 6.14%，要实现近期内绿化覆盖率 30%，平屋顶绿化势在必行，而且潜力很大。上海每年要建筑 300 万 m² 新房，如其中一半屋顶实行绿化，每年即可增加绿化覆盖 25 万 m²。

2. 阳台绿化。由于城市不断发展，高层建筑已越来越多，发展窗前与阳台的垂直农业尤为重要。窗前与阳台绿化，一般采用：(1)窗前设有种植槽，布置悬垂的攀缘植物。(2)植物依附墙面格子架进行环窗绿化。(3)阳台栏栅绿化。(4)阳台上下之间垂直绿化。

3. 墙面垂直绿化。上海市区车水马龙，噪声极大。据科学研究，墙面布满枝叶稠密的植物后，墙面温度能降低 6~7℃，空气湿度增加10%~12%，噪声减少 26%，还有净化空气、美化环境等功效。根据国家建委要求，城市绿化覆盖率近期内要达到 30%，远期内要求 50%，墙面绿化在实现这个目标中，有着重要的作用。

目前上海墙面绿化已有发展，预计到 2000 年将有很大的发展。

4. 宅旁空间绿化。城市建筑的房前屋后和庭院之中，还有相当多空间，可以种花草、蔬菜、果木等作物：(1)棚架垂直绿化。在庭院中，棚架绿化应用较多，而且式样不一，有水平棚、拱形棚、扇形棚等。(2)门庭垂直绿化。用棚架绿化装饰大门，也是利用空间的途径。有的门庭出入口，利用棚架，种丝瓜和扁豆，既美化了环境，增加绿化面积，又收到一些农副产品。凡有条件的地方照此办理，就可得到更多的经济效益。(3)栏栅绿化和建筑物间隔垂直绿化。由于新住宅区的不断出现，怎样充分利用建筑物之间的间隔空地，是一个十分重要的问题。可在栏栅、围墙上利用攀缘植物进行垂直绿化。除了种植一些高大的乔木外，还可在地面配置一些地被植物，组成一个人工群落。要使市区的垂直绿化得到快速的发展，关键是制定合理的政策，调动广大城市居民的积极性，特别是广大退休职工的积极性，使专业队伍和群众活动紧密结合起来。现在有的地方统得太死，把居民种的草花、果木全部砍光，禁止种植，而他们自己又不认真管理，造成杂草丛生，这种情况应当改变。近年来，国外对城市环境有了更高要求，如日本正开展'田园都市'的研究。上海如能把以上四方面经验大力推广，到 2000 年，将会变成一个东方美丽的大花园，大大增进居民的健康，也为国内其他城市提供借鉴。"

为了形象点，我附上 1984 年 11 月 17 日《光明日报》四版上劳恩同志作的一幅"屋顶花园"的木刻。

要迎接中国的新时代，我们的建筑界同志不应该研究园林式现代城市吗？这也是时代对我们的挑战呵。

以上供参考。

此致

敬礼！

钱学森

1984 年 11 月 21 日

13　发展地理科学的建议^①

这次讨论会是由中国地质学会、中国地震学会、中国天文学会、中国气象学会、中国空间科学学会、中国岩石矿物地球化学学会、中国古生物学会、中国地球物理学会、中国海洋学会、中国水利学会、中国地理学会，这十一个学术团体联合发起的，充分体现了现代科学技术，特别是"地理科学"综合化的趋势，这也是科学深化的趋势。刚才，程裕淇同志讲了，第一届讨论会是由六个学会发起的，这次是十一个，第三届不知还要多少。这一趋势在今年9月份中国科协第三届全国委员会第二次常委会议上同志们就指出并强调了的。而且认为，中国科协要促进这方面的工作。因此，让我首先代表中国科协祝贺第二届全国天地生相互关系学术讨论会的召开，祝会议成功。

比起十一个学会的同志来讲，我是外行。为什么我这个外行竟然敢来讲呢？我觉得这次会议（包括第一次会议）所选择的是一个非常重要的现代科学技术研究课题。

（一）

我刚才用了"地理科学"这个名词，为什么呢？这是由于在今年6月中国科协的"三大"之后，我收到了今天在座的黄秉维同志的来信，看了他的信，我受到很大启发，觉得"地理科学"这一古老的名词，现在应该把它很好地用起来。我认为，"地理科学"就

---

① 1986年11月，钱学森在第二届全国天地生相互关系学术讨念会上的发言。原文刊于《大自然探索》1987年第6卷第19期。

是一门综合性的科学，地理科学研究的对象就是地球表层。在这次会议的《论文摘要集》中，有两篇就是讲这个问题的。"地球表层"这一概念是借用苏联科学家的建议，指的是和人有最直接关系的那部分地球环境，具体地讲，上至同温层的底部，下到岩石圈的上部，指陆地往下 5~6km，海洋往下约 4km。地球表层对人的影响，对社会的发展都有密切的关系，地球表层往外的部分和地球表层更深的部分是地球表层的环境。这次"天地生相互关系学术讨论会"的论文摘要集中，绝大部分的文章是研究地球表层的，也有一部分是研究地球表层以外的，即地球表层的环境。这里提出的"环境"这一概念，是系统科学的一个概念。从同志们的论文中可以看出，"地球表层"是一个系统，而且是一个非常复杂的系统，在系统科学中，称非常复杂的系统为"巨系统"，不是大系统，而是比大系统还要大。地球表层是一个巨系统，这个巨系统不是封闭的，与环境是有交换的，这是当今系统科学中的一个概念。交换的外围就是巨系统的环境。地球表层这一巨系统与环境有物质和能量的交换，这是一个开放系统，其复杂性就在于它是个开放的系统，不是封闭的系统。封闭系统比较简单，开放系统要比封闭系统复杂。所以，我们要研究的对象就是这个巨系统的本身，要研究巨系统的本身，就必须考虑巨系统的环境。我想用"地球表层学"这样一个名词来称呼这门学问；有同志说，也可以用"环境科学"来叫这门学问，我认为不妥，因为它是公认的另外一门学问，内容不是我们在这里说的，用这个词只会制造混乱。总之，今天我讲的主题就是天地生综合研究要进一步向前发展，成为现代化了的地理科学，这是一个重要的问题，它的基础理论学科就是"地球表层学"。

第一，地球表层学是"地理科学"的基础理论学科，要想继续发展，就必须要重视这门学科，只有这门科学的建立，才是真正把我们这十一个学会及其他十几个、二十几个，甚至三十几个学会的研究工作结合到人们最关心的人类生活在地球环境中这一问题。现在大家可以统一成这样一个意见，就是一定要进行综合研究。单独的研究是不行的。我自己也从黄秉维同志的来信中学到了这一点：分割开来研究是不能解决问题的，只能是越搞越乱。因此，一定要进行综合研究。大家也注意到这一问题，最近有不少文章，甚至在地质哲学方面的文章，如1986年第8期《哲学研究》上，有一篇文章从地质学的角度说明要将自然科学的许多学问综合起来。我觉得，他只是讲了地质运动，从我们研究的问题来看，那仅仅是一部分。所以，我们要考虑的问题是许多学科的综合，涉及的范围还要广泛得多。这是一个基本概念。

第二，我们提出"地理科学"这一重要的学科，其基础学科是"地球表层学"。这与我们常说的数学、物理学、化学、天文学、地球科学、生物学是基础科学的意义是一样的。它是包括了许多部门的庞大的"地理学科"的基础理论，我们要把它建立起来，没有理论的指导，其他学科的研究就会遇到困难。所以，我们强调要建立"地球表层学"。这是一门带头的学科。基础理论科学的下面一个层次，就是应用理论学科，现在"地理科学"的应用理论学科已建立了很多，已建立的有生态经济学，现在要想建立的有如城市学，即研究城市体系的一门学问，这是城市规划的理论。我曾建议，为了使地理科学研究定量化，有必要建立"数量地理学"，就是用数学方法，主要是指系统工程、系统科学方法来解决"地理科学"中的问题。数量地理学、城市学、生态经济学等学科，都属于"地理科学"的应用基础学科的层次。而最直接改造客观世界的学问，在"地理科学"中也有，即地理科学的应用技术，如城市规划、环境保护、水资源等都是属于这样的问题。因此，我提出这样一种想法，不知大家是否同意，就是"地理科学"是包括内容很多的一大门科学，根据现代科学近100年来的发展，可将它分成三个层次：最理论性的层次，就是基础理论学科，我认为这就是"地球表层学"，尚待建立；第二个层次，就是应用理论学科，这发展得较快，有的还需建立，如数量地理学；第三层次，直接用于改造客观世界的应用技术，现在已经很多。能否这样考虑，首先要把"地理科学"建立起来，这是当今科学的一个重要组成部分，它又分为基础理论、应用理论和应用技术。

刚才黄汲清同志对我说，综合研究还具有哲学意义，确实如此。所以，前面我谈的还不全，还要对"地理科学"进行更高一个层次的概括，即地理科学的哲学概括，我现在还说不出它的名字，但要有这么一门学问。我认为黄汲清同志的意见很好，根据马克思主义哲学观点，人类的知识最后要概括到哲学，就是马克思主义的哲学，就是科学的哲学，不是臆想的哲学，不是乱编的哲学。从实践上升到科学的理论，又从经过实践考验的科学理论再上升到、概括到哲学。这一观点，不知哲学家是否接受？最近几年我常宣传这一观点。正因为这样，我认为马克思主义哲学是有道理的，是经过实践考验的，是最科学的。马克思主义的核心就是辩证唯物主义。它联系到各门科学就产生了各种科学的哲学，这些大家已经知道。例如，自然辩证法是自然科学的哲学，历史唯物主义是社会科学的哲学，等等。它们都要有哲学的概括，最后综合起来再概括就是马克思主义哲学，这就是我常宣传的现代科学技术的体系。马克思主义哲学是现代科学的最高概括。我们研究地理科学也必须用马克思主义哲学来指导。指导并不是说马克思主义哲学就僵化了、凝固了、不动了，变成经典了，不是那个意思。一方面，它指导"地理科学"的研究，另一方面，地理科学的研究、发展又概括出地理科学的哲学，反馈到马克思主义哲学，以发展、深化马克思主义哲学。这一观点我也宣传许多次了。现在，同志们学习十二届六中全会《中共中央关于社会主义精神文明建设指导方针的决议》，我以为我刚才讲的是符合《决议》的精神的。

（二）

最近，我还有一个想法，今天说一下。现在很多地方讲要发展智力，发展创造能力。我想真正的创造能力来源于什么呢？现在研究这个问题的很多，有许多"窍门"，也称"窍门学"吧。天津有一本花花哨哨的很有趣的杂志，叫《智力》，是教你各种各样的窍门的。这在国外也很时兴，什么包教包会，包你三周内会说西班牙语等等，我觉得这样教，即使能讲也是结结巴巴的，也许人家能听懂，但绝对不是高级的、漂亮的西班牙语。这种事情在国外很多，他们很发达，确实有这个需要，教你一个技巧。这种教育是否需要呢？我觉得也要。但是，它不是教人们如何能够进行真正的高级的创造。中国有句古话，"大智若愚"，就是某个人确实有很高的智慧，但看上去倒像个"傻子"，因为那些小窍门的事他不想去做。在座的同志都知道，达到 20 世纪科学最高峰的著名物理学家爱因斯坦，他在小学、中学直到大学的学习并不十分突出，这就是"大智若愚"。所以，人的智慧是什么呢？我觉得，人的智慧就在于真正掌握了客观世界最基本的原理，只有这样才能站得高，看得远。今天，我们中国人很幸运，因为我们建立了马克思主义哲学是科学的最高概括这样一个观念，我们要取得最高的创造力、最高的智慧，就应该学习马克思主义哲学。

今天讲这句话，在座的不一定都同意，但是我劝同志们想一想这个问题，过去许多年，我一直讲这个问题，对中青年讲了许多次，我是碰壁的。我说大家必须学习马克思主义哲学，科学必须用马克思主义哲学来指导。我看得出，由于我的年龄大，对话的人不好意思直接反驳我，客气地点点头，其实心里没服。不服的原因我也清楚，无非是说，资本主义国家没有马克思主义，不是也搞得不错嘛！但是，我还要说，今天我提到更高层次上说，人要有创造性，最高的创造性，要有真正的智慧，必须要有马克思主义哲学。道理很简单，因为这是人类知识最高的最正确的概括，你掌握了这个最锐利的工具，当然会站得高、看得远。

（三）

如何建立地球表层学这门科学？我觉得要建立地球表层学这门理论科学，我们一定要运用系统科学的理论。系统科学也分为三个层次。系统科学也是从实践的需要发展起来的，所以它直接改造客观世界的那部分发展最快，即系统工程。系统工程的理论，即应用理论，发展也比较快，诸如运筹学、信息论、控制论、大系统理论等。在这些系统科学基础上再概括，真正建立系统科学的基础理论——系统学，现在正在努力。这次讨论会的论文摘要集有一篇西北大学地质系张金功同志的文章，涉及用系统科学的方法来考虑地学问题，这是对的。但是，系统学作为一门学科正在形成之中。这并不是说没有材料，材料是很多的，只是还没有形成完整的学科体系而已。这些材料有以下几部分：

（1）巨系统理论。巨系统理论的一个很重要观点，就是层次观点，层次结构的观点。而且层次具有一定的功能，或系统运动的性质。这些性质或系统层次的功能是与组成该系统的子系统的功能是不一样的，这很重要。整个巨系统又是由许多层次构成的。每个层次都有其功能的特点，很重要的特点就是，这样一个系统的功能不是组成该系统的部分系统所具有的。这是否可称之为辩证法？即由量变到质变。许多系统组成在一起，它的功能就与每一个组成部分的功能不一样。

（2）巨系统结构。如何组成巨系统的层次、结构？这一结构是受环境影响的，它也不是固定不变的，外界环境发生变化，其层次结构也会发生变化。这一方面的学问就是 H. 哈肯教授创立的"协同学"。这对建立地球表层学具有重要的参考价值。

（3）以前，系统科学理论认为，系统内会出现有序化、有结构。有一个耗散结构理论，用熵流的概念来解释有序化。但是，近年来又出现了新问题，就是系统是可以出现有序化、形成结构，但也可以出现另一种现象，就是混沌。混沌看起来好像是无序的、杂乱的。这就比耗散结构理论更深刻了。对这一问题，今天在座的叶笃正教授给我们上过一次课，他讲气象就是混沌。我们对气象是很关心的。叶笃正教授对我讲，外界对大气的输入，影响变化并不大，仅有昼夜的变化、四季的变化，但是气象却是瞬息万变的，如何解释？这种现象的解释就是混沌。环境没怎么变化，系统内部却变化很快，似乎是一件怪事。流体力学中的湍流时刻不停地在变化，外部边界条件并未变化，而内部就自己变起来了。这种现象是非常重要的，也就是这些混沌看起来好像是混乱的、非决定性的，但它并不是非决定性的，而是决定性的。如果你把时间分得很细，它还是决定性的。假如气象是非决定性的，那么我们的气象工作者就没法预报了。但是，气象还是可以预报的，可以预报就是决定性的。然而不能将时间放得很长，时间越长就越难预报，长到一定程度就没法预报了，这就是混沌。用这一观点方法去观察研究地球表层的现象，混沌现象就很多。论文摘要集中，由任振球、张国栋、徐道一和徐钦琦四位同志合写的文章《多尺度异常事件的群发现象及其宇宙环境》，我认为那里谈的就和混沌有关系。另外，这次会议谈到很多"灾变"，也可能与混沌有关。

所以，我提出地球表层学这门学问要用系统学的一些成果。这些问题请大家认真思考一下。最近，我国出版了两本书，我把它们推荐给大家。一本是诺贝尔奖奖金获得者 I. 普利高津著《从存在到演化——自然科学中时间及其复杂性》（科学出版社，1985）。另一本是由普利高津和助手尼科里斯合著的《探索复杂性》（四川教育出版社，1986）。这两本书谈到的是系统科学理论的最新成果。建议大家学习学习。同志们可以将系统科学和自己所研究的东西结合起来、系统化。我认为，这两大厚本《第二届全国天地生相互关系学术讨论会论文摘要》是"零金碎玉"，仍然是点滴的东西，还没有捏合在一起，形成强大的学问。我们如何将这些"零金碎玉"汇聚成真正的珍宝，这珍宝我认为就是"地球表层学"，我们要用刚才我所说的系统科学的方法来建立这门基础科学。大家如果能将天地生的研究与系统学的研究两者结合起来，我觉得那将是一件了不起的事情。我们就是要建立起和人类、社会的发展有密切关系的"地理科学"的基础理论——地球表层学，这个建议是否正确，请同志们讨论。

（四）

对开展工作的建议。以下建议也许不合适，仅供同志们参考。

（1）两次天地生学术讨论会，确实收集了很多方面的材料，这就非常重要，这些材料在过去往往不被重视。但是，这方面的工作是否可以广阔一点。这次会议的论文摘要内好像没有涉及"地震云"，这是否是一个重要问题？为什么我会想到地震云呢？因为我想到了天外来客——"飞碟 UFO"，材料很多，我认为"飞碟"不是天外来客，它就是地球上的东西，也是我们天地生的一种现象，也可以考虑。"飞碟"和"地震云"一样，材料很多。另外，《科学美国人》（1980 年第 8 期 80 页）有一篇文章说在澳大利亚南部 6.8 亿年前的前寒武纪沉积岩中发现了类似树木年轮的纹。在有人类记载之前，人们不知道太阳黑子的活动情况，直到近 100 年来才注意到太阳黑子的活动和变化。而现在在 6.8 亿年前的沉积岩中保存了近两万条纹，其意义是重大的。这给我一点启发，就是搞天地生研究，除了古书记载外，还要到广阔的领域中去收集资料。

（2）建立地球表层学，就必须进行理论分析，我在前面讲的理论分析的观点，材料并不完善，还应该不断地吸收系统学的新成果，要进行讨论，像今天这样大规模的讨论会有好处，也有不足。不足处就是时间相隔太长，两届间隔了三年（第一届在 1983 年 11 月，第二届 1986 年 11 月），这样太长了。此外，我们还要多举行一些小型的讨论会，最好每周一次，而且是请各家发言，集各家之精华。我觉得北京地区可以搞一个这样的组织。

（3）在中国搞纯理论研究是不行的，要想得到资助，就要解决社会主义现代化建设中的一些重大问题。现在有许多问题需要解决，如地震、气象、水资源等都是一些很重大的问题。天地生综合研究，只有解决一些具体的实际问题，才能得到国家领导人的支持，事情才好办。

最后，我认为我们做的工作是重要的。如果我们真正能把刚才讲的做起来，那么，对科学的发展又是一个极大的推动。因为，它要解决的正是人类社会所面临的重要问题，因此，它的影响是深远的，对社会主义现代化建设有着重要的作用。

14 谈地理科学的内容及研究方法①

今天在座诸位是来参加"地理科学"讨论会的。诸位都是专家，而我可不是搞地理的。为什么今天叫我来就来了？这是因为近8年来，我一直在宣传，建设有中国特色的社会主义需要有一个新的科学技术大部门。这不是一个小的学科，而是一个大的科学部门，即地理科学。它跟自然科学、社会科学是并行的，所以是一个大部门。我这个外行，怎么敢这么说，我是怎么想的？今天先把这个过程向各位报告一下，然后再讲一点我的想法，作为这次"地理科学"讨论会的一个背景材料。

（一）

我对地理科学是有一个认识过程的。开始是在1983年，我读到一位中年地理学工作者浦汉昕的文章，讲述环境（那时开始提出要保护环境），他在这篇文章中引用、介绍了"环境"这个词在苏联有种叫法，即"地球表层"，我觉得这个词好。那时我满脑子装的是"系统"概念，看了这篇文章后，觉得我们的环境是一个系统，感到当时一些流行的说法如"生态环境"等还不够。所以，1983年我在《环境保护》杂志上写了《保护环境的工程技术——环境系统工程》一文，在这篇文章里我讲述了当时认识到的所谓环境——人类社会生活的环境，而这个环境就是指"地球表层"，并提出研究整个环境的科学基础就是"地球表层学"。所以，我这个外行完全是从系统的

①　本文为钱学森在1991年4月6日中国地理学会"地理科学"讲座讨论会上的发言，由《地理学报》编辑部根据录音整理，钱学森亲自进行过审阅和修改。原文刊于《地理学报》1991年第46卷第3期。

概念出发，认为整个人类存在的环境是一个系统，并认为从一个侧面（或者是气象问题，或者是生态问题）去考虑都是不够的。

1985年，我参加了北京组织的一个研究北京市建设问题的会议，会上我强调了城市建设是一个系统工程，并提出："会议上很多文章讲城市规划，那么城市规划这门学问靠什么理论？我觉得应该有一门理论，或者叫技术理论的学科。"那天陈希同市长也去了，他讲他的困难是："外商来北京建公司要装好多电话，我没有那么多钱来装电话。"我说："这不单是外商来办企业的问题，你这个城市的大系统要建设好。"所以我提出了"城市学"这个问题。作为一门城市发展与规划整体理论的城市学也属地理科学。

我正式提出"地理科学"这个词是在1986年"第二届全国天地生相互关系学术讨论会"上。我提出，地理科学作为科学技术的一个大部门，与自然科学、社会科学、数学科学、系统科学、人体科学、思维科学、军事科学、行为科学，还有文艺理论这九大部门并行，在十个科学技术大部门中，地理科学也是一大部门。当时我觉得地理要考虑的问题跟地学（地质学）不一样，因为地学考虑问题的时间概念非常长，最少1万年，动不动就是100万年。青藏高原隆起是最近的一件事，那也是200万年前开始隆起的。而地理要考虑的问题的时间不是那么长，最少的时间是十年、几十年，一般多是几十年、上百年这样的时间。那时我认识到，地理科学跟地学不一样。我的基本思想都是受系统科学、系统学、系统论哲学观点的影响，要没有这种系统观点，我不会有地理科学的想法。

我怎么想到地理呢？这是在读到英国人罗纳德·约翰斯顿（Ronald Johnston）编的《地理学的将来》（The Future of Geography）这本书后。作者中大概多是英国教授，他们都感慨万分：英国地理学曾经了不起，而现在不行了。为什么英国人从前地理了不起，现在不行了？道理很简单。大英帝国原是"太阳不落"的帝国，从前侵略世界其他国家，在全世界逞威风，当然要研究地理学，而现在只剩下联合王国的几个小岛，地理学就无所施展，政府也不支持了。从这本书我更想到，大英帝国不行了，而我们社会主义中国正是兴旺的时候，所以地理学对我们中国社会主义建设是非常重要的。我觉得建设社会主义中国，就一定要在中国发展地理科学。这些方面我必须感谢黄秉维先生给我的多次鼓励，不然，我这个外行也就说说算了，不会再搞下去。

说到这里，同志们也许会问，我怎么没有提到我们中国科学院的老前辈竺可桢先生？在这里我要老实对同志们讲，竺可桢原是科学院的副院长，我在力学所，当然认识他，但那时我知道的东西太少了，跟地学不搭一点儿边，只知道竺可桢先生对物候学很有研究，很尊敬他。唯一记得一次科学院学部在上海开会，有天晚上我跟地学部学部委员们在一起，说了这么一句话："我一见你们搞地学的，就想到野外考察、地质勘探，你们用的方法是不是太落后了？是不是用先进一些的工具？"其他的我就什么也不知道了，当时连竺可桢副院长对于地理学很重要的论述都不知道。后来我听说他很重视地理学，但是没有看到他到底是怎么说的。直到去年纪念竺老百年诞辰的时候，我才得到了《竺可桢传》这本书，在《竺可桢传》第六章，读到他对地理学很精辟的见解，这是他在 1965 年一次讲话中说的，竺可桢先生说："地理学是研究地理环境的形成、发展与区域分异以及生产布局的科学，它具有鲜明的地域性与综合性的特点，同时具有明显的实践作用，与国民经济建设的各个部门有着极其密切的关系。"从这本传记上还可见到竺可桢先生在新中国成立初年就已经讲了地理对社会主义建设的重要性。所以读了之后，我觉得"地理科学"这个概念的提出应该归功于竺可桢先生，而不是我。我只是冒叫一声，还不知道竺老早就提出来了。竺老是前辈，我是后辈。所以"地理科学"这个概念不是我的，是竺可桢的。

我在地理学上并没有下过功夫，所以对诸位地理专家所做的工作并不很清楚。最近读了《河南大学学报》1990 年第 4 期和中国科协学会部汇编的资料，才看到各位专家对"地理科学"的意见，学了不少东西，对我有很大启发。

（二）

第二个问题就说说"地理系统"的概念，这是根本的。

地理环境是一个地球表层系统，也就是地理系统。地理环境是人类社会、一个国家赖以生存和发展的环境，这个环境有自然的，也有人为的，有为人所改造的自然环境。而这个地理环境是一个人与自然相互密切关联的系统，即地理系统。

现在能够接受"地理系统"这个概念的人大概比较多，因为系统概念已很普遍了。但是今天我要特别指出，光说地理系统是不够的，我们还要问它是什么样的系统，因为现在系统学已经发展到要为系统分类了。系统各有各的特点，而且这个特点影响研究、分析它的方法。比如说最简单的小系统，这个系统的子系统所组成的系统的部门，数量不多，七八个，十来个，这好办，其理论是最成熟的。再复杂一些的系统，即子系统数目增加，比如有几十个、上百个，且子系统都相互关联，每个子系统都有自己的参数，所以这个系统形成的方程的未知数有好几百。这样一个系统称"大系统"，无非子系统数目多了，理论还是比较清楚，用人计算是不行的，但可用大型电子计算机来算。还有一种系统，其子系统多到上万上亿，但是子系统种类不多。比如这个屋子里的空气，氧、氮等，它们的分子数目多极了，上万亿、上亿亿，但是即使这样的系统，物理学家们还是有办法，因为它的子系统种类并不多，可以用统计物理或统计力学的方法算。这项研究始于 19 世纪末 20 世纪初，近20 年又有新的发展，把它应用到了非平衡态，形成非平衡态的热力学，这就是著名的诺贝尔奖获得者普利高津的理论。后来这个理论又被更精确地发展，即由西德的赫尔曼·哈肯创建了协同学。但是不论是普利高津还是哈肯，尽管他们所处理的系统的子系统确实很多，可子系统种类并不多，也就是几种、十几种。对于这种系统，这些年我们给它起名叫"开放的简单巨系统"。所谓简单就是指子系统的种类并不是很多，那么用普利高津和哈肯的方法来处理是可以的。

我们现在所讨论的地理系统是什么样的系统？是不是小系统？当然不是。是不是大系统？也不是，它是比大系统大得多的巨系统。那么是不是简单巨系统？不是，是复杂的巨系统。所以我们要讨论的是系统里面最困难的一种，叫"开放的复杂巨系统"。"开放的复杂巨系统"有什么特征？第一，它是开放的。所谓"开放"就是跟系统之外有关联，有交往，既有能量物质的交往，又有信息的交往，而不是封闭的。例如，地球表层一方面接受从地球以外传来的光和其他各种波长的电磁波，另一方面又从地球表层辐射红外线；此外还有天体运动产生的引力作用；还有各种外来的高能粒子、尘埃粒子、流星，高层大气也有分子溢出。地球表层还接受地球内部运动的各种影响，以及地磁场的影响等。第二，它是巨系统，就是子系统成亿、上百亿、上万亿、上亿亿。第三，它是复杂的巨系统，就是子系统的种类非常之多。人是一种子系统，还有种类繁多的植物和动物、山山水水，以及地下矿产等等。这就形成一个特点，即这个"开放的复杂巨系统"的内部层次、结构多变，而且我们很难分清、确定，今天你看是这样，再过一天又不是这样。这就给我们研究分析地理系统这种"开放的复杂巨系统"造成很多困难。举例说，最近看到长江中上游防护林建设问题就非常复杂。在《经济参考报》3月13日第一版有一篇关于长江中上游防护林建设问题的报道，提出这绝不仅仅是林业问题，它涉及的面非常广，水利、农业、财政、商业、国土、环保、能源，以及铁路、交通等部门都涉及了。所以这是一个层次复杂多变、内部关系非常错综复杂的系统。

这几年，我们组织了一个讨论班，讨论系统学，在这个讨论班上，我们发现了这个"开放的复杂巨系统"及它的特点。我们还发现对"开放的复杂巨系统"，用标准的科学方法即培根式还原论的方法去处理不行。还原论的方法是，如果要处理的这个问题太复杂，就把它切成几块来研究，如果这些块还复杂，可再切小，如果还复杂，再切小。越切越小。用这种方法处理，你必须知道怎么切合理。这种"开放的复杂巨系统"的层次复杂多变，如果不知道怎么切，乱切就可能把这个问题的本质特征切掉了，就改变了原来问题性质。比如长江防护林问题涉及那么多部门，如果切块，这块归林业部，那块归财政部，行吗？不知道怎么切，结果互相打架，防护林也就干不成了。我们这个系统学讨论班三年以前开始感觉到这个问题，以老方法来对付这些开放的复杂巨系统看来不行。讨论班上一些同志研究过国民经济宏观调节问题，所以第一个认识到的"开放的复杂巨系统"是我们国家的社会经济系统。后来发现，人也是"开放的复杂巨系统"，人是不简单的，所以这些年西医也感到他们过去长期沿用的培根式还原论方法不行了。甚至人脑也是一个"开放的复杂巨系统"，因为人脑的神经细胞约有 10^{15} 个，而且神经细胞有各种各样。地理系统也是"开放的复杂巨系统"。首先要明确：研究的对象是一个巨系统；第二，它是系统里最复杂的，研究起来最困难的"开放的复杂巨系统"。在 1990 年 1 月号《自然杂志》上，我们才开始把这个问题讲出来。那篇文章把所用的方法叫"从定性到定量的综合集成法"。今年年初又在《科技日报》(今年 1 月 21、23 日)上发表了于景元、王寿云、汪成为的文章，具体讲到社会系统与社会系统的环境——地理系统，讲清了这些都是开放的巨系统，要用从定性到定量的综合集成法。

这样一个认识是很重要的，这些概念很新。在这里我要向诸位报告，这是中国人的发明，外国人没有。到底是中国人行还是外国人行？我看中国人行。为什么外国人不行？我看差别在于我们有马克思主义哲学，我们用辩证唯物主义观点看待问题，他们没有。为什么竺老提出"地理科学"这个概念并有了基本思路，却没有提出地理系统(外国人也没有提)？我认为问题在于没有"系统"这个概念，因为直到竺老去世，系统工程、系统学的概念还没有出现。所以这不能怪竺可桢先生，这是后来的发展。

再有，怎样处理地理系统这样"开放的复杂巨系统"？搞地理的人恐怕也很困难。要解决"开放的复杂巨系统"的问题，又没有好的方法，那么只得用老方法，即培根还原论的方法——切块的方法。对搞地理的同志来说，古典地理是一门思辨学问，研究它还只能搞调查，加上议论，需要定量却又没法定量，可是与地理学家同道的地学家们却起劲地搞板块运动、地质力学等，这就给搞地理的带来很大压力：地理怎么样科学化？结果又想不出办法，很为难。我提出"地理科学"这个概念后，得到了黄秉维同志的一些鼓励，他还送一些文章给我看。他说："地理学太乱了，有各式各样的说法。"这是什么道理呢？我看就是这个道理，搞地理的人确实处在一个很困难的位置上，要处理的对象是一个"开放的复杂巨系统"，而又没有一个现成的研究"开放的复杂巨系统"的方法，结果就搞成这么一个状态，也就是分成小块，一块一块地分。这说明过去工作所遇到的困难。我们理解，各种问题，比如关于环境问题、生态问题等，那些理论多极了。现在看都是好心，但不解决问题。去年3月8日在英国刊物《自然》(Nature)上有一篇詹姆士·洛夫洛克(James Lovelock)教授（美国人，现在英国）写的文章，他提出的"地理环境"，用"Gaia"来表示，我从字典上查出，这是希腊大地女神的意思，但他那个概念还是自然的环境，人文方面他只是讲到人为破坏自然环境，他还没有把环境看作我们现在所认为的地理系统这样一个概念。中国同志也写了不少这方面的书，我也陆陆续续收到了，看到了，比如迟维钧同志的《生态经济理论方法》（中国环境科学出版社出版）、徐景航和傅国伟二位主编的《环境系统工程》（中国环境科学出版社出版）及《青年地理学家》编委会编的《理论地理学的进展》（山东省地图出版社出版）。这些书都在试图用一些定量的方法，但由于以上原因，他们用的方法就是普利高津或哈肯的方法，而刚才已经说了，用普利高津和哈肯的方法处理地理系统是不灵的。

（三）

以上是讲我们应该怎样认识地理系统。但"从定性到定量的综合集成法"到底是什么？我在这儿给大家说说这个方法的特点及我们对这个问题是怎样认识的。

什么叫复杂巨系统？第一，我们要研究这个系统，一定要从定性知识出发，除此之外我们没有太多东西，这是我们对于这个问题的感性认识，不能脱离这个实际。我觉得现在的地理学，各门各行地理学讲的道理就属于这一类，它是感性认识，是有见解的，是很宝贵的，因为它是在大量的工作经验基础上形成的。但是它只是定性的，也不全面。第二，光定性还不够，不能停留在感性认识上，我们要上升到理性认识，要努力达到定量。这里我讲一段历史：在七八年前，我们国家开始研究粮油倒挂——收购的价格高，卖出的价格低——这个经济问题，收购价高是为了要调动农民积极性，但是人民生活又要求不能把粮价一下提高，所以国家的贴补数量相当大，一年大概好几百亿元，后来发展到将近一千亿元，这个问题怎么解决？我记得那时宋平同志（当时任国家计委主任）大概想听听我有什么方法，就说："讨论这个问题时你来参加。"我不干这行，但为了学习还是去了。参加的人都是经济学专家，各人说各人的看法。他们都有自己的一套理论，讲怎样解决粮油倒挂问题。有意思的是，他们之中有好几位在讲完后有这么一句话："我不保险按照我这个方法去做准能解决问题。"那些大专家都是这么讲的。所以说定性是不够的，必须要定量。那么从定性到定量的说法是从哪里开始的？是实际需要逼出来的。问题是什么叫"量"，什么是过硬的量，这个问题不是说说而已，比如说粮油倒挂的问题，这个"量"就是国家统计局的数字，是实实在在的数字。在地理系统中，这个实实在在的数字就是大量的地学活动中野外考察获得的数据，当然还有其他许多，也是统计的量，它不是人为的，必须是实际上可以获得的客观存在的量。这一点非常重要，因为理论要联系实际。实际的"量"必须是实实在在的，而不是随意制造的。这些量在地理系统恐怕有成百上千，所以绝非是简单问题。一方面是定性认识，也就是地理学家的学问、见解，以及大量地理学文献里的各式各样见解，这是很重要的、很宝贵的，但这只是感性认识，是不够全面的；另一方面，要有实实在在的经过调查统计的数字。现在的问题是怎样才能把这两方面联系起来，只有这样才能做到从定性到定量，从感性认识上升到理性认识。这是辩证统一的认识论，是最难的。

这里可以说说，我所了解到的一些外国人的工作，比如他们去解决社会经济问题，就没有这个方法。怎么办？现在他们也说有处理简单的复杂巨系统的方法，比如普利高津、哈肯的方法。在美国马塞诸塞理工学院有一位福里斯特（J. W. Forrester）教授，他介绍了一种方法——系统动力学，这个方法实际上是从自己的某一个概念出发，来选择或创造一些参数，这是人为的，然后也定量，上机运算，得出的结果算是定量了。我国也有一些同志这样搞，他们也说是定性和定量相结合，先定性，再定量，也上机计算。因此，我说应该把定性、定量相结合改为从定性到定量。有些经济界名家也到处用上述的错误的方法，结果只能得出错误的结论。

我们所讲的从定性到定量，到底怎样工作？也就是分为几个步骤？这是在近几年的经济分析中，在我国国民经济专家马宾同志指导下逐步发展起来的，很有成效。第一，明确任务、目的是什么。第二，尽可能多地请有关专家提意见和建议，例如上面讲宋平同志曾经把经济专家请来，议论粮油倒挂。大家意见肯定不完全一样。此外还要搜集大量的有关文献资料，这个工作必须很认真。有了定性认识，在此基础上，要通过建立一个系统模型，加以摸索。在建立模型时，必须考虑到与实际调查数据结合起来，统计数据有多少就需要有多少参数，这是实际的，不能人为制造。比如经济问题，是国家统计局的统计数字，种类很多，有几百个，所以，模型的参数必须要与实际统计数字相结合。这个复杂模型靠人手工计算是不行的，只能用大型电子计算机完成，通过计算得出结果。但这个结果可靠性如何？需要再把专家请来，对结果反复进行检验、修改，直到专家认为满意时，这个模型方算完成。在经济问题上我们摸索出的方法，所谓从定性到定量的综合集成法，是综合了许多专家意见和大量书本资料的内容，不是某一专家的意见，而且是从定性的、不全面的感性认识，到综合定量的理性认识，这个方法已经过实际应用。也许有人会问，应用效果如何？可以这样说，在经济问题上，这些年来受国务院的委托，这方面的同志已经做了不少工作，与其他部门专家的预测相比，他们在经济领域运用综合集成法预测的数字是最准的，是过硬的。所以，可以说，对于这种"开放的复杂巨系统"，开始找到了一个可行的方法，我们把这个方法叫作从定性到定量的综合集成法。可以说我们走上了正确的道路，而这条道路的特征就是从定性到定量，从感性认识到理性认识。这个思想就是马克思列宁主义、毛泽东思想。没有马列主义、毛泽东思想的人，不可能提出这个方法。所以我们说，解决开放的复杂巨系统，要跳出培根式还原论方法，那是机械唯物论的方法，要摆脱这种思想的束缚，用马克思主义哲学的方法。

有了以上认识，可以这样明确地理工作者所面临的任务，宣传地理科学，并不是说地理学不行了，地理科学发展还是要依靠过去地理学大量工作的基础，包括专家意见，不能脱离这个基础。要对地理学家的工作及过去使用的方法给予充分重视，这些丰富成果是广大地理学家的贡献，是在座诸位的丰功伟绩。现在我们要更上一层楼，把它综合起来，目前要强调一下综合性的工作，使得这一部门学科的研究取得更大的成就。

（四）

中国人对自己的环境到底持何看法，这也是地理哲学问题。其中一个核心问题是人对生存环境已经从被动转移到主动阶段，即不是盲目地开发利用资源。今天的科学已经能够使我们认识我们改造客观环境将会有什么样的后果，是好的还是不好的，好的就利用，不好的需要采取措施加以治理。关于这个问题，哲学家有些评论不免带有片面性。去年4月《哲学研究》上有一篇题目是《传统地理环境理论之反思》的文章，后来在第6期又有一篇题目是《读传统地理环境理论之反思》的文章，批评前者的观点。两人观点不一样。根据地理哲学的观点，人对地理环境可以改造，而且可以克服由于我们的行动所产生的不良后果。我们中国人在中国这块大地上就是要创造一个建设社会主义，并将过渡到共产主义的地理环境。比如不久前，中国林学会曾召开过一次"沙产业讨论会"，意思就是说，中国有这么多戈壁、沙漠，而且还有那么多沙化现象，难道我们就认输了？没有！我们可以改造、治理沙漠。几十年来我国的治沙工作已经证明，人可以改造自然。另外，前几年三峡建坝问题也是一个讨论得很热闹的问题。当时曾提出建立三峡省，我对浦汉昕同志说，你应该到那里看看，三峡省所处的地理位置、气候条件和瑞士差不多，为什么不能把三峡建成为东方的瑞士？我们应该有这个雄心壮志。不久前，我跟中国科学院综考会考察队的同志说，你们考察青藏高原，了不起，青藏高原共有250万 km²，这么高大的高原是世界所没有的，用现在的科学技术，包括高技术和新技术，为什么不能把占国土总面积 1/4 的青藏高原建成 21 世纪的乐土呢？搞地理科学的人就应该有这样一种观点，这就是地理哲学，是辩证唯物主义的：人可以认识客观，可以改造客观。哲学是指导我们具体工作的，那么地理工作者就应该有这么一种思想——地理哲学，地理哲学是地理科学的哲学概括。

（五）

地理科学为社会主义建设服务的工作，属"地理建设"；"地理建设"是我国社会主义的环境建设。刚才提到《科技日报》年初那篇文章中讲到的就是"地理建设"。这个概念是什么呢？在政协和人大讨论李鹏总理关于"八五"和今后十年计划的报告和纲要时，我们提出了社会主义建设包括社会主义物质文明建设和社会主义精神文明建设，也有整个国家的政治方面的建设——社会主义民主建设和社会主义法制建设。这些建设都要依靠一个环境——社会主义"地理建设"。这个思想已在前面提到的今年年初的文章中讲过，目前正在讨论的李鹏总理报告和纲要中，用的是另外一个词，叫基础设施，但用我们的话说叫"地理建设"。什么是社会主义的"地理建设"呢？它包括交通运输、信息、通信、邮电、能源发电、供煤供气、气象预报、水资源、环境保护、城市建设、灾害预报与防治等等，都是我们整个国家、社会所存在的环境，这些都是"地理建设"。但这是非常复杂的多方面的工作。光是长江中上游的防护林一项就涉及那么多的部门，除林业部门外，还有水利、农业、财政、商业、国土、环境、能源，以及铁路、交通等。正如《经济参考报》记者所说的，整个社会都要来办的事叫社会工程。这样一个复杂的事情——地理建设，不能都说是地理科学，否则就太广泛了，就把所有其他学科都吃掉了。地理建设实际上是一个庞大的社会工程，地理科学工作者要起很大很大的作用，但其他学科也要起很大的作用，要共同协作才能搞好地理建设。这并不意味着地理科学应该包括其他所有学科。我们应该想到社会主义物质文明建设也包括很多，不但包括自然科学，还有社会科学。所以讲地理建设，不是说地理科学要把地理建设所需知识全包括进来。这是重要的，因为我们这个会是讨论地理科学的体系问题，应该把整个体系搞清楚，以便使所有学科都承认这个体系。

（六）

最后我提几点建议，请同志们考虑。提出"地理科学"概念是我们中国人要做的一件大事，而且很紧迫，关系到社会主义建设大问题。在这个问题上，地理科学工作者能否大致统一认识？只要大多数同志认识比较统一就好办了。

至于学科体系，应逐步在实践考验中建立起来，现在有一个大致的体系就可以了。我建议分三个层次：一是基础理论的层次，二是直接应用的技术性层次，三是介于两者之间的技术理论层次。因为现代科学技术大概都有三个层次，最典型的是自然科学这个大部门。有了三个层次概念之后，再看看属地理科学范围内的学科有多少？有几十门。目前已成立学会、研究会的学科就有几十个。这里不排斥任何一门学科，只是大致地排一排，有个位置。

有了这样一个认识和这样一个大致的体系就可以开始工作了，至于细节的调整可以在工作中逐步加深认识，现在一定要把系统的结构搞得很细，一门门都定下来恐怕还欠成熟，现在只要有一个大致的位置就行了。这是第一个建议。

有一个问题是发展地理学科必须抓的，这就是要研究开放的复杂巨系统的方法，要掌握并且要发展从定性到定量的综合集成法。现在会用这个方法的人不多，只是刚才说的那些搞经济的人，大概都在航空航天部的710所，现中科院自动化所搞人工智能的部分人也对这个工作感兴趣，还有国防科工委的系统工程研究所，他们也有人对这个方法感兴趣。请大家考虑，要建立地理科学是不是有一个任务，即搞地理科学或有志于搞地理科学的同志，要下工夫来学这个方法，这是没有书的，而且尚未完全定型，还在发展中，是否搞一个研讨班或讨论会，请有关方面的人来讲课，研究一下这个问题，希望有志于此的同志来学习。然后把这个方法用于地理科学。比如 1983 年提出的地球表层学，建立这门学科要运用定性、定量的综合集成法，否则没法建立。这是第二个建议。

第三个建议：这次会议的内容是非常重要的，关系到社会主义建设大局，所以我们应该把讨论的情况、今后工作设想，向党和国家报告。我参加政协会议，想到地理科学，感觉国家对地理科学还不够重视，但比以前好多了，提出要加强基础设施的建设了。我们中国人建设社会主义应该有远大的眼光，看到 21 世纪，不能只看眼前的事情，要看到更长远的环境建设、地理建设。如果同志们和我一样认为地理科学很重要，就应该消除顾虑，大力宣传。这个宣传是对党和国家负责，所以应该把这个思想向国家汇报。尤其是中国科学院地理所还挂靠国家计委，可以向国务院副总理邹家华同志报告，这是应该做的。

15 我国社会主义建设的系统结构[①]

我国社会主义初级阶段的建设是史无前例的。十一届三中全会以后，我们总结了过去的经验教训，提出以经济建设为中心，坚持四项基本原则，坚持改革开放，即"一个中心，两个基本点"的方针。这一方针贯穿在整个社会主义初级阶段的建设之中，一百年不变。今年年初，邓小平同志在南巡讲话中，更发展了这一思想，是今天我们进行社会主义建设的重要理论。

但改革是一项极其复杂的系统工程，各个方面一定要协调进行。为了全面落实和贯彻执行小平同志的重要讲话，我们觉得应该将社会主义建设各个方面的工作，即社会主义建设的各个具体侧面加以系统化，建立我国社会主义建设的系统结构。那么，我国社会主义建设有哪些具体侧面呢？它们的具体内涵是什么？在中央的正式文件中，经常提到的，是两个文明的建设，即社会主义物质文明建设和社会主义精神文明建设。在全国人民代表大会和中国人民政治协商会议全国委员会的文件上，还常提到社会主义民主与法制建设。我们想在这篇文字中就此加以具体论述。

一、关于社会主义政治文明建设

关于这个问题，我们在文件中常常看到的提法是社会主义民主与法制建设。钱学森和孙凯飞、于景元曾经就此写过文章[②]，我们

---

① 本文由钱学森与涂元季合作，原文刊于《人民论坛》1992年第10期。

② 钱学森，孙凯飞，于景元，社会主义文明的发展需要社会主义政治文明建设 [J]. 政治学研究，1989(5)：1-10.

认为社会主义的民主与法制建设可以叫作社会主义的政治文明建设。这是一个非常重要的社会主义建设侧面[1]。因此，我们再次提出，应更确切地将这个方面的社会主义建设，叫作社会主义的政治文明建设。

现在我们认为，社会主义政治文明建设有三个部分：一是民主建设。这是非常重要的。我们党一贯坚持民主集中制，提倡走群众路线，征求群众意见，在群众的实践和意见基础上，制定国家的方针政策。这种走群众路线的民主建设，还有许多需要进一步完善和改进的地方。二是社会主义的体制建设。随着社会主义建设事业的发展，原来的政体结构就不适应了。当前党和国家正在讨论如何根据"政企分开"的原则，改变中央各部门设置，如何搞好中央和地方的分工，地方各级之间又如何调整结构等等，这都是属于体制建设的问题。三是社会主义的法制建设。这个方面已有许多论述，我们就不再多说了。

二、关于社会主义物质文明建设

从前我们理解物质文明建设，好像就是经济建设。当然，在今后很长一个时期，经济建设是物质文明建设中的一个非常重要的中心任务。全国各项工作都要以经济建设为中心，一切都要服从于这个中心！但是，除了经济建设之外，还有没有其他方面的物质文明建设呢？我们现在认为是有的，这就是人民体质建设。因为所有的工作都需要人去做，所以人民的体质是一个非常重要的方面。毛泽东同志早在1952年就为中华全国体育总会成立大会作了题词："发展体育运动，增强人民体质。"后来又有对卫生部的工作指示："讲究卫生，减少疾病，提高健康水平。"这都是讲要重视人民的体质。我们认为，这在我国的社会主义事业中，是很重要的。但这方面问题很多，有许多问题还没有得到解决。其实现代科学在如何提高人的体质方面，已经有了许多发展，不仅有治病的第一医学，还有防

---

[1]　王任重同志在1991年春的一次全国政协会议上还指出，社会主义民主和法制建设比社会主义的两个文明建设更居于统帅地位，是政治建设。

病、保健的第二医学，再造人体器官，解决人的部分器官失去功能的第三医学等等①。随着老年人口的增加，医疗卫生事业就显得更加重要了②。

在人民体质建设中，除医疗卫生事业外，控制人口增长的工作也非常重要。还有人民的饮食问题，这方面，国家要逐步改进人民的食品营养结构③，发展我国的食品工业④。所以，我们认为，物质文明建设应该包括两个方面，即经济建设和人民体质建设。

三、关于社会主义精神文明建设

钱学森和孙凯飞在另一篇文章中⑤，对此已作过阐述。精神文明建设包括思想建设和文化建设。从目前的情况看，思想建设还需加强，不久前江泽民同志在中央党校的讲话中也强调了这个问题。精神文明建设的另一个方面是文化建设。在同一篇文章中，曾把文化建设分为十四个方面：①教育事业；②科学技术事业；③文学艺术事业；④建筑园林事业；⑤新闻出版事业；⑥广播电视事业；⑦图书馆、博物馆、科技馆事业；⑧体育事业；⑨美食事业；⑩花鸟虫鱼事业；⑪旅游事业；⑫群众团体事业；⑬宗教事业；⑭文物收藏事业。

这里要稍加说明的是：饮食也是一种文化，在中国的历史传统中，饮食文化是有丰富内容的，随着对外开放的进一步发展，饮食文化应该引起我们更大的重视，所以我们提出将美食事业作为我国社会主义文化建设的一个部分。花鸟虫鱼事业也是中国固有的文化。但是人们常常只说花卉，比如中国有个花卉协会，他们办了一份会刊《中国花卉报》，实际每一期除了介绍花卉以外，还介绍养鸟、养鱼、养虫，当然是讲的观赏鱼、观赏虫。所以我们认为，确切地说，应该是花鸟虫鱼事业。关于群众团体事业，不是指工、

① 钱学森. 对人体科学研究的几点认识 [J]. 自然杂志，1991(1)：3-8.
② 方福德. 未来医学面临的挑战和机遇 [J]. 科技导报，1992(1).
③ 封志明，陈百明. 中国未来人口的膳食营养水平 [J]. 中国科学院院刊，1992(1).
④ 孙学元. 食品工业结构与领域辨 [J]. 中国食品报，1992-03-23.
⑤ 钱学森，孙凯飞. 建立意识的社会形态的科学体系 [J]. 求是，1989(9)：2-9.

青、妇，那是党直接领导的团体，这里是指其他群众团体，如中国科学技术协会、中国音乐家协会、中国记者协会等；最后一项是宗教事业，宗教在我们国家恐怕还要存在相当一段时间，做好宗教工作是很重要的，而宗教可以作为文化的一部分。

四、关于社会主义地理建设

地理是社会主义存在的环境，有关地理建设问题，有同志曾写文章专门论述这个问题[①]，这里不再细说了。我们要概略提出的是，地理建设是不是可以分为两个方面。一是环境保护和生态建设，这基本上指的是自然环境。对这个问题的重要性，我们要有新的认识。到了 20 世纪的今天，人类已经认识到，过去我们发展生产，不注意环境的保护，造成了严重的后果，这是十分错误的。不久前在巴西里约热内卢召开的联合国环境与发展大会尖锐地提出了这个问题，使大家的认识有很大提高。明确了我们在搞经济建设，发展生产的同时，要注意环境保护和生态建设问题。

地理建设的另一个方面是基础设施的建设，这也是很重要的。因为人不仅要利用客观的自然环境，还要建设客观环境，只有这样，人们才能在世界上更好地生活和工作。例如通信建设，交通运输建设，这都是当前我国社会主义建设的薄弱环节，要大力加强，而且要发展新的技术手段，如高速公路、高速铁路以及高速的水上运输。民航不仅要发展长距离航线，而且要发展近距离的辅助航线。所以，我国基础设施建设的任务还是相当繁重的。

以上讲了四个领域九个方面的社会主义建设，即社会主义政治文明建设，包括民主建设、体制建设和法制建设；社会主义物质文明建设，包括经济建设和人民体质建设；社会主义精神文明建设，包括思想建设和文化建设；社会主义地理建设，包括环境保护和生态建设、基础设施建设。我国的社会主义建设事业，从总体上来说，是不是这样一种系统结构？当然，社会主义建设必须有中心，

---

① 于景元，王寿云，汪成为. 社会主义建设的系统理论和系统工程 [N]. 科技日报，1991-01-21、23(3).

中心就是经济建设。而社会主义建设的各个方面又必须协调发展，才能获得高的效率。因为社会和社会存在的环境是一个非常复杂的巨系统，一定要用系统工程的方法，才能把各方面工作协调好。而要进行协调，首先必须清楚地认识到社会主义建设的各个具体侧面是什么，不要丢掉了任何一个方面。为此，我们曾经提出，设置专门从事这项工作的总体设计部，来规划、协调这四个领域九个方面的工作。如果协调得好，我们社会主义建设的效率就可大大提高，建设的速度就可以更快一些。当然，以上所讲的仅是我们现阶段的认识，科学的理论必须与实际相结合，这是马克思主义的基本原理，我们应该通过不断实践，总结出科学的理论，再用理论来指导我们的实践，然后再总结，进一步提高和完善理论，如此不断地推动我国社会主义建设事业的发展。有鉴于此，我们认为，提出和讨论我国社会主义建设的系统结构，是一个重要问题。

16　养花是民族文化的一部分^①

　　中国人是很喜欢花的。不论贫富都喜欢养花，这是全民族的爱好，有历史传统。"文化大革命"中反对养花，连朱老总喜欢兰花都感到为难，造成了不好的影响。其实，养花是一件好事，要做些宣传工作，把极左的东西肃清。

　　养花是民族文化的一部分，是物质文明和精神文明的一个很好的结合。现在有一种认识不正确，认为园艺师、厨师等搞出的产品都是小玩意儿，不值一提。这是不对的，其实他们的产品都是文化的一部分，要宣传，应该受到重视。

　　发展花卉生产，需要领导上支持。要大规模发展花卉生产，必须形成自己的温室制造业，不能总是向外国购买温室。当然，温室生产有技术问题，但主要不是技术问题，是认识问题，体制问题。大家写文章呼吁上级支持温室制造业也可以，但更重要的是先把东西造出来。

　　中央的精神是明确的，企业要放下去，要自己去经营，不要等，自己闯天下才能生存下来，等就会把自己等垮。谁要领会中央精神快一点，谁就先上去。搞好经营光靠技术不行，要进行改革。不改革就没有出路。要搞活经营与服务，把产品成本降下来。花卉要出口，竞争对手就多了。要发展生产就要搞横向联合，荷兰开始是一家一户小规模搞，然后逐渐发展成托拉斯。比如北方月季花公司可以考虑先和谁联合后和谁联合，然后像滚雪球一样，逐渐形成行业公司。

---

　　① 本文以《养花是民族文化的一部分，发展花卉生产要走改革联合之路》为题，刊于1986年6月13日《花卉报》(第63期)，同时发表编者的话："国防科委副主任、著名科学家钱学森，今年3月20日在会见兵器工业部和北京工业学院合办的北方月季花公司的负责人，听取他们的汇报时，就发展花卉事业的意义及促进花卉生产、搞好花卉经营，谈了他的一些看法。"

17 关于马克思主义哲学和文艺学美学方法论的几个问题^①

一、关于马克思主义哲学的重要意义和科学体系的构想

我从前在国外，在自己的科研工作中，做了点事，对于应该怎么办事，问题应该怎么看，有一些体会，我自己还蛮得意，因为那总算是自己的心得。后来回到祖国以后，初步接触到马克思主义经典著作，觉得我那点东西就太肤浅了。经典著作里都有，而且比我说得好得多，深刻得多。打那以后我就感到了马克思主义哲学的重要。那时候，毛泽东同志也号召我们去学习。我是认真地去学的，越学越觉得有味，有那么几本书，学完了以后，觉得里边的一些道理，运用到我们的实际工作中去，非常之开窍。

这几年，我听到这样一种说法，认为辩证唯物主义与历史唯物主义是并列的，我就很纳闷。列宁在《卡尔·马克思》一文中就说过，马克思、恩格斯为什么研究社会现象，建立历史唯物主义观点？他们这样做，是为了用大量的社会历史现象的事实来说明辩证唯物主义的正确性。^② 我觉得列宁的这种说法是对的。世界上的一切理论，都是一层一层地概括的，到了最高层次就是哲学，就是人认识客观世界、改造客观世界总结出来的最高的原理、最有普遍性的原理。这种最有普遍性原理就是马克思主义哲学的核心，就是辩证唯物主义。这是很简单的道理。这种辩证唯物主义的基本原理是谁也不能违背的。外国的一些科学家，在科学研究中犯错误，就

---

① 本文系根据钱学森谈话整理，原文刊于《文艺研究》1986年第1期。
② 参阅：马克思恩格斯选集（第1卷）[M]. 北京：人民出版社，1966：10.

是在这个问题上老是弄不清楚。要不就是唯心主义，要不就是机械唯物论。前几年我看到一位外国科学家，曾获得诺贝尔奖奖金，是搞脑科学的，名字是斯佩里（R·Sperry），80多岁了，在脑科学上很有成就。他在一篇文章中一开始就声明："我反对马克思主义。"其实他讲的许多道理都符合马克思主义的原理。他说，脑的作用、思维的作用是有不同层次的，不要把低层次与高层次搅在一起。人的意识的作用是脑功能的最高层次。这话讲得很好，是真正符合马克思主义的。他在科学上有成就，不用正确的哲学思想指导是不行的。他恰恰是运用了马克思主义的一些哲学原理，可是他却反对马克思主义，真是滑稽。他自觉地说他反对他在不自觉地运用的道理，你说可笑不可笑？

下面，我谈一谈科学以及人类的知识的问题。

科学可以包括几个部门。从历史上看，在马克思、恩格斯的时代，恐怕只有一门，这就是自然科学。当时，只有自然科学比较完整，比较系统。不过，那时的自然科学也没有达到现在这样的发展水平。当时，将科学理论用于工程技术还刚刚开始，在世界上出现设有工科的高等院校是在19世纪60年代。所以，马克思、恩格斯的时代只有自然科学，而且只有基础科学这个层次，没有直接应用这个层次。到了19世纪末，工科高等院校一下子发展起来，工程技术成为自然科学系统的一个组成部分，即用自然科学直接改造客观世界的部分。到了20世纪二三十年代，又出现另一种现象：在基础科学和直接改造客观世界的工程技术之间又出现了一个技术科学或叫应用科学的层次。总之，自然科学领域比较发达，历史较长。在自然科学系统中，首先是基础科学，如物理、化学、生物学、天文学等；其次是技术科学，如电子学、力学等；然后是各式各样的工程技术，如机械工程、航空工程、航海工程等。这是个纵向门类的划分。后来，我想，这些门类还要概括，与上面的马克思主义哲学挂起钩来。就是说，要有个桥梁。

这个桥梁是什么呢？我认为，自然科学与马克思主义哲学之间的桥梁是自然辩证法。关于自然辩证法的内容，现在有争论。我不同意于光远同志的看法。他认为自然辩证法是多门学科的学科群。我觉得不能那么看。我认为还是应该按照恩格斯的说法。恩格斯在开始构思他的自然辩证法时，曾给马克思写过一封信，向马克思谈了自己的想法。他说：物质世界、物质世界的运动、物质在时空中的运动、物质运动的层次、不同物质运动层次之间的联系，这就是自然辩证法的内容。

对于其他科学门类来说，我认为，社会科学到马克思主义哲学的桥梁是历史唯物主义。数学也是个独立的、普遍运用的科学，它到马克思主义哲学的桥梁是数学哲学，数学家叫元数学。系统科学到马克思主义哲学的桥梁是系统论，思维科学的桥梁是认识论。还有人体科学，研究人体与复杂环境的关系的科学，它到马克思主义哲学的桥梁是人天观，研究人与自然的联系。1982年以前，我想起了这六门科学。后来发现这还不够，忘了我们这些穿军装的了，把军事科学忘了。我们作为炎黄子孙，中国人对军事科学的造诣是非常高的。实际上，军事科学不限于打热仗，现在不是还有贸易战、商战吗？人类大的集团之间的矛盾斗争，都是军事科学的内容。军事科学到马克思主义哲学的桥梁是军事哲学。下面谈谈文艺。

文艺与其他科学门类大不一样。文艺作品不是科学。但是，研究文艺的文艺理论是科学。文艺理论到马克思主义哲学的桥梁就是美学。

今年初，我发现这八门科学、八个桥梁还是不够，发现还有个行为科学，我们无法把它安到哪个学科之中，安不进去。于是，我在今年四月中国科协的"交叉科学"讨论会上讲，还有个行为科学。它到马克思主义哲学的桥梁应该是什么，我还没有想清楚。后来《光明日报》把消息登了出来，许多人来信建议这个桥梁应该是什么什么。我觉得谈得都不对。最近我写了篇文章，谈行为科学的体系，发表在今年《哲学研究》第8期上。我认为，马克思主义行为科学不同于资本主义国家的行为科学。我的定义是：行为科学研究个人与社会的关系。这里面无非是两个问题，一个是人在社会中的发展，一个是人的意识与社会的发展。我认为，人的意识跟社会发展的关系是很重要的。一般地说，人的意识是从社会实践中来的，因此，人的思想总是要落后于社会的发展。但是也有例外，当社会受到落后制度的阻碍，没有向前发展，人的思想就要超越现实，就要革命。比如，在我们国家，在20世纪三四十年代，中国共产党是个先进的集体，人民大众响应共产党的号召，他们的思想超越了旧中国的现实，是先进的。但是，如果社会不是停滞，而是发展的，特别像我们现在的中国，有很先进、水平很高的中国共产党中央的核心领导，制定了建设社会主义的正确的路线、方针、政策，我们国家这几年发展很快。在这种情况下，恐怕大多数人思想都跟不上。因此，出现一些问题，比如有些过去很好的党员、干部，现在却去搞歪门邪道，卖假药等等。他们这些人是老脑袋瓜，现在一下子要对内搞活，对外开放，要富裕起来，他就不知道该怎么办了，一办就错，不知道要富起来还要守法，而且这法又与老的一套不同，是新的历史时期的法。正像黑格尔所说，"凡是现实的都是合理的，凡是合理的都是现实的"，没有什么可怪的。我们是搞科学的，不要动气，要冷静地去研究一下。关于这一点，我要感谢你们研究文艺的同志。我最近看了一篇文章，就到处向人家介绍，就是《中国社会科学》今年第3、4期上发表的一个叫季红真的女青年的文章，题目是《文明与愚昧的冲突》。她讲的是文艺，讲文学在粉碎"四人帮"和三中全会以后的发展，但她讲到了整个社会的核心问题。因此我认为：马克思主义行为科学到马克思主义哲学的桥梁，如果暂时起不出更好的名称，就叫它社会论。总之，行为科学研究人与社会的关系，内容有两个方面：一是思想政治工作、伦理、教育，再一个是法制。实际上，中央已经采取了措施：一个是精神文明建设，一个是社会主义法制。人的意识跟不上形势的问题不是暂时的，因为社会在不断发展。不过，总会有一些先进人物能够跟得上，走在社会的前面。我想，解决这一问题的唯一办法就是以后要大力发展文化教育，大力发展社会主义精神文明建设。

这样一来，我就把科学划为九个部门，搭了九个桥梁。

我们可以把这一科学体系表示如下：

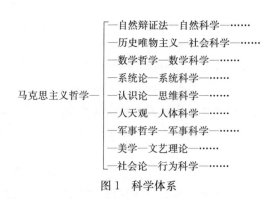

图 1　科学体系

　　我这样讲，是为了强调科学是个整体，而不是分割的。这一点很重要。我不大赞成所谓"交叉科学"这个概念。所有的学科都是交叉的，相互联系的。我也不赞成"边缘科学"的说法。有边缘，还有中心呢。你就是中心，他就是边缘？任何一门学科都是根据实际需要建立的。有的是老的，有的是新的。老的也可能经过换装变成新的。总之，各个科学部门是个整体。对此我有许多体会。我在实际工作中，不是仅仅用哪一门科学。任何一项工作，都不是用哪一门科学可以解决的，都需要把各门学科有用的东西一起运用才能解决。我们强调科学的整体性，还有一层意思，就是说，所有的科学技术最高的概括就是哲学。哲学指导我们一切科学部门的研究，是一切。

　　当然，这不是说马克思主义哲学是僵化的。恰恰不僵化。因为它通过九个桥梁与各门科学相联系，各门科学的发展又通过桥梁反映上去，发展和深化马克思主义哲学。我在《文艺研究》1985 年第 1 期上说过，我这个人"离经"这个罪名是免不了的了，因为讲了些经典著作上没有的东西，但我不承认我是"叛道"；我是坚决拥护马克思主义的"道"的，可是我不迷信书本上讲的东西。

　　我把马克思主义哲学和全部科学技术组织在一起，也可以解决当前哲学界在议论的一个问题：什么是马克思主义哲学的对象？吉林大学高清海同志在《哲学研究》1985 年第 8 期上就有一篇专论讲他对这个问题的看法。一百年前恩格斯在《路德维希·费尔巴哈和德国古典哲学的终结》中就说过，由于自然科学的兴起，"自然哲学就最终被清除了"。我现在又进了一步，由于科学技术体系的形成，只有同全部科学技术相结合的哲学才是马克思主义哲学。其他的所谓"哲学"也将"最终被清除了"。这不是彻底解决了马克思主义哲学的对象问题了吗？

还有一个问题：是不是人类通过实践创造的知识都包括到上面的科学体系之中了？没有。有好多好多东西不在这个体系里。我们每个人都有许多实际工作经验。但这些经验还不是科学。有些事情，说不出道理，但你按照那个办法做了，就能解决问题。最大的一个例子，就是中医理论，中医的医药学。这是一笔宝贵的财富，我们的宪法上都写着要发展传统的医药学。但中医理论确实和现代科学技术挂不上钩。它是宝贵的知识，但不是科学。我用了一个词，把它叫作前科学，是科学以前的阶段，还没有进入科学，将来终将进入科学。人类的社会实践就是这样，先形成经验知识，这是前科学，然后上升到科学，再一步步上升，最后概括为马克思主义哲学。

二、关于系统论的一些问题

现在理论界都在谈"三论"，我们的高级领导人也讲"三论"。系统论、控制论、信息论，就是所谓的三论。我不同意笼统地提"三论"，把三者并列起来。我认为，不是"三论"，而是"一论"。我刚才讲过，系统科学到马克思主义哲学的桥梁是系统论，而不是控制论、信息论或"三论"。在系统中，当然包括了控制的概念、信息的概念。因为是个系统，它就不是分割的，而是有层次的、分部门的。层次之间、部门之间要互相影响，当然要通过控制，通过信息。最根本的概念是系统。所以说是一论，怎么是三论呢？我早就开始宣传系统工程、系统科学、系统论。十年内乱时，说了就要挨批，所以就暂时不说了。1978 年，十一届三中全会前夕，我又来劲了。从那时到现在，过了六七年，已经被普遍接受了。最近全国政协开会，邓颖超同志最后讲话时也用了"系统工程"这个词。实际上，许多自然现象、社会现象，都是有系统的，分层次的。你要分析研究这些现象，就要用系统的观点。

关于系统论的创始人贝塔朗菲，他的名字前边有个冯，是个贵族。他是奥地利人。他有局限性，但也有很大的功劳。作为生物学家，他的贡献就在于批判了还原论。他认为，还原论研究生物现象，由器官到细胞，由细胞到细胞核，细胞核到分子，再到原子，越弄越糊涂，不能解决生物学的根本问题。这种看法他在20世纪30年代就提出来了。后来到第二次世界大战期间，他跑到美国，继续宣传这种观点。这种观点是对的。完全依靠还原论不解决问题。因为你把完整的事物越切割越细，结果只见树木，不见森林。

那么，是不是只是到了贝塔朗菲才有系统观点，在马克思恩格斯那里就没有呢？不是。恩格斯在《费尔巴哈和德国古典哲学的终结》中就说过，现在研究自然已经不能把它分割开来，而要把它看作一个不断发展变化的整体。这个思想很清楚，不是系统观点吗？当然，马克思恩格斯限于那个时代，还来不及发展这个思想。所以我们现在发展系统论，绝不是要否定马克思主义哲学，而是要深化、发展马克思主义哲学。

对于外国人，我们应采取科学的态度。他们说得对的，我们应该吸取；说得不对，就应该指出来。今年8月中旬有位瑞士联邦高等工学院的教授在钢铁学院讲控制系统理论，画了个图，有机械系统、电机系统、生物系统等。他说这些系统越来越复杂，越来越搞不清楚。如果再往后，到了社会系统、经济系统，就完全不知道是怎么回事了。他讲完以后，我憋不住，就站起来说："我们的朋友讲：社会系统、经济系统完全一抹黑，无法了解。这是由于社会制度不同，因而我们和我们的朋友对社会的看法也就完全不一样。我们的朋友可以走他的路，我们走我们自己的路。"翻译大概译给他听了。我的意思是：假如把社会看得一抹黑，无法了解，我们还搞不搞社会革命、社会制度的改革？要进行革命或改革，就是说社会并不是不可知的。总之，外国人说的东西可以参考。比如，我宣传的系统论、系统科学并不都是我自己的东西，我也参考了他们许多人的看法。但不要不加分析地盲从。

关于苏联的系统论研究，比如乌约莫夫等人，有些悬空，有些脱离实际。苏联哲学家常犯的毛病就是空空洞洞，不结合实际。我研究系统科学、系统论，从系统工程开始，与实际联系起来。中间层次是技术科学。我把控制论、信息论放在技术科学这个层次，它研究信息的传递、系统的控制。在这个层次还有运筹学等。再上边的一个层次，就是系统学，然后就到了桥梁——系统论。再上边就是马克思主义哲学。总之，要结合实际。脱离了实际，你还谈什么呢？当然，我不是反对理论。理论脱离不了实际，实际也脱离不了理论。理论跟实际是冷与热的结合。搞理论的头脑一定要冷静，但完全学院式的研究是不行的，一定要投入到火热的实际斗争中去。一冷一热，要结合。

三、关于人工智能的问题

1979 年，中央党校约我去讲课，我说：电子计算机可以代替人的部分脑力劳动。当时反应很强烈。有人说我是机械唯物论。但我一直坚持我的看法。然而，当初有些说我是机械唯物论的人，现在一下子又跳到另一边，说计算机可以完全代替人。实质上，对这个问题要坚持辩证唯物主义。实际上，人脑的结构复杂极了，我们一直没有搞清楚。虽然脑科学最近 20 年有很大发展，是个热门，但是，脑科学的成就，在现在来看，仅仅摸到了人脑的很有限的一点点。而且，我们知道，人脑这个东西是变化的、发展的。人由于实践，使人脑不断变化，或不断提高。这个道理很简单。比如，刚生下来的娃娃，要学习，要受到环境的影响，脑子就会不断地发展变化。人脑的特点就在于它不是天生的，而是随着人的实践不断变化的。然而现在的机器人，却简单极了，恐怕最笨的人都比它聪明，你让它干什么它可以干，没有设计那种程序，它就干不了。我讲一个笑话：去年日本东京开了个第五代计算机会议，宣传得很厉害。日本方面也确实拿出了一些成果来给大家看。我们中国代表团中有一位北京大学的副教授叫马希文，他是研究逻辑的。他在参观时，看到这样一种表演：有一台电子计算机，只要谁在钢琴上弹一个旋律，一个曲调，电子计算机马上就会把乐谱给你翻译出来。参观的人中有很多人去尝试，计算机都给翻出来了。马希文同志就在旁边看，大概看出了一点窍门，就走上去也弹了一段。他弹的是和声，很特别，不是按常规弹的，结果机器人就傻了眼，几分钟过去了也翻不出来。机器人的本事就那么大。现在，机器人、人工智能是个热门，而且它确实非常重要。因为根本没有什么智能的电子计算机在过去的20年里的发展已取得了非常大的成就，大大促进了生产力的发展。可想而知，如果计算机有一些智能，就会如虎添翼，就更不得了。18世纪末出现的产业革命，大约经过了一百多年，到20世纪初，才形成自动化。现在的计算机，只是会计算，就已经对社会产生了这么大的作用，像托夫勒、奈斯比特讲的什么浪潮呀，趋势呀，等等。假如计算机变成智能机，即使智能很有限，那也非常了不起。不过，说到底，它的智能毕竟是有限的。像刚才所举的例子，日本的机器人让我们的马希文同志一治就给制住了。人比它要高明得多。从辩证唯物主义角度看，永远是这么一种关系：机器是人做的，人创造了一种非常聪明的机器，人就又聪明了一些。这个距离总是这样。这种观点是符合辩证唯物主义的。认为机器可以消灭人，就是机械唯物论。

四、关于数学方法的运用

数学是一种方法。以前我不知给多少人讲过，数学是一种非常重要的工具。数学本身的意义应该让数学家自己去讲，对于我们这些运用数学的人来讲，数学是一种十分重要的工具。不过，数学不能改变正确与错误。你原先是错误的概念，再用数学也正确不了；你原来是正确的东西，如果不用数学，无非是慢一点，但终究还是正确的。总之，数学仅仅是一个工具。用了一种更好的工具，可以使你的工作顺利一些，迅速一些，省力一些。例如：研究"红学"的同志，关于《红楼梦》中人物的年龄历来有争议；但书中人物很多，一个个去数，实在没有这个精力，争议也就解决不了。但现在镇江市地震办公室的彭昆仑同志用了系统工程的方法，通过电子计算机计算，把问题比较圆满地解决了，黛玉入府时为9岁，并探讨了《红楼梦》中的三个年龄序列的原因①。这是把系统工程用于文学研究了。

当然，现在有些乱用数学符号、数学公式的人，我看无非是唬唬人罢了，没什么了不起的。

五、关于决定论与非决定论以及物质世界的层次(五观)的问题

关于决定论与非决定论的问题，我认为，所谓非决定论，无非是有些因素、有些因果联系还没有认识到，这些因素在产生作用，但却不在你的控制之内，所以产生了非决定论。在自然科学领域常举这样一个例子：在量子力学中，爱因斯坦与玻尔的争论，现在已经有苗头说明为什么会产生量子力学的非决定论，这就是由于我们还没有深入到物质世界再下边的一个层次。如果深入到物质世界的下一个层次，进一步揭示物质世界的规律，就会是决定论而不是非决定论了。这个问题自量子力学产生以来，一直在争论。现在看来，解决这一问题的途径就在于向物质世界更深层次挖掘。我们过去对于物质世界的认识，只有宏观、微观两个层次。所谓宏观，比如我们这些人、房子、地球，都属于这个层次。所谓微观，要用到量子力学，要深入到分子、原子、原子核、基本粒子这个世界。我们国家的天文学家戴文赛教授提出还有个宇观，就有银河系那么大，十万光年左右。目前物理学上有个苗头，发现微观世界下面还有个层次，我给它起了个名字，叫渺观。不仅如此，在宇观上面，也还有个层次。从前在天文学、宇宙学上有个宇宙的大爆炸理论，认为宇宙从前是从一点开始的。这在哲学上总是通不过。哲学家们提出：宇宙在大爆炸的一瞬间之前到底是什么东西？它是否存在？恩格斯在《反杜林论》中就谈过这个问题。当然，宇宙大爆炸理论有很多与天文观测相符合之处，但也有许多现象说明不了。于是，在五六年以前开始出现一种理论来修正它，这就是暴涨理论。这个理论就解决了上述问题。它认为宇宙不只我们这一个，我们这个宇宙是在我们的特殊条件下形成的。在更大的范围里还有更多的宇

① 见"纪念曹雪芹逝世二百二十周年学术讨论会"论文。

宙，五花八门的宇宙。这又是无限的了。这个范围就更大，我给它起了个名，叫胀观。所以，现在不是宇观、宏观、微观，而是胀观、宇观、宏观、微观、渺观，是五观了。但是五观是不是到头了？没有。科学是无止境的。在一定的层次里，你说是非决定的，但这只是一个层次的看法，不要认为这是天经地义的。在实际生活中，非决定论的因素总是有的。人不可能了解全部情况，你不了解的那部分在起作用，无法控制，当然是非决定因素了。决定与非决定是辩证的统一。在社会科学和文艺理论中，也应该这样看。

六、关于文艺理论基本观点与方法的关系

上面说过，数学方法不能改变正确与错误。任何一种方法都无法改变原来理论的正确与不正确。方法不能改变本质性的东西。因此，文艺理论要发展，必须建立在正确的文艺理论观点上，同时为了研究的需要引用现代所有的有效方法。就是说，你的出发点必须是对的，即要符合马克思主义哲学。只有先树立正确的理论观点，然后，在这个前提下，什么方法都可以用。如果没有正确的观点，只有数学符号、概念术语，那么你的所谓方法是空的。你不要在那儿变戏法，不要把你的老底藏在数学符号后面。你先亮你的老底，谈你对问题的基本观点，然后再说你的方法。在我们自然科学领域，不允许拿符号、方法代替基本的认识。自然科学界的名家都是一上来就先谈自己对问题的基本认识，用简单的语言，把基本观点很清楚地表达出来，然后才用很高深的数学等方法谈自己是怎样处理的。不能先用符号、公式糊弄人。这在自然科学界是不允许的。

据说在文艺理论界有种说法，说今年是"方法论年"，明年是"观念年"。我看，还是先谈观念，后谈方法。咱们今年就是"观念年"，先谈你的观念，把你的老底亮出来，今年吵不清，明年再吵嘛。我始终认为，方法是第二位的，根本的认识是第一位的。至于用什么方法，很难说只能用什么方法，不能用什么方法。既可以用这种方法，也可以用那种方法。各有千秋。研究问题的不同层次，可以运用不同的方法。方法是根据问题来选择的。

七、关于科学技术对文学艺术的影响以及技术美学的问题

关于技术美学，我没有多少时间来搞。我收到浙江省政协委员顾盼同志的文章，他说，文学艺术离不开社会，而社会受科学技术的影响很大。现在，科学技术极大地影响着生产的发展，对生产关系、上层建筑也有很大影响。在这种情况下，美学要发展，就不能不研究技术美学，不能不研究技术对于艺术、对于美学的影响。他的这个观点我赞成。我在第四次文代会上讲了一通话，也就是宣传这个观点。我说，科学技术对文学艺术有很大影响，因此，文艺理论以及它到马克思主义哲学的桥梁——美学当然与技术有密切的关系。因此，要大力研究技术美学。

关于科学技术对文艺的影响，我最近还和我爱人蒋英同志谈过这个问题。我爱人是中央音乐学院的声乐教授。我问她：现代科学技术对你们的音乐有没有影响呀？她说："当然有了，影响可大了。现在有录音带、音响技术，等等，都是现代科学技术的产物。我们在年轻的时候，有许多解决不了的问题现在都很容易解决。过去，要研究一个音乐家，先要找来他的乐谱。看了乐谱，还不知道他的音乐究竟怎么样，要琢磨好久好久。现在就很容易了，把他的谱子找来，再把录音带找来，一听就知道怎么回事了。所以，科学技术对于音乐的影响是不用说的。"恐怕这种情况对于各门艺术来说都是存在的。这就是物质、物质活动、科学技术对文学艺术的影响。我在文代会上还讲过，由于科学技术的发展，还可能产生新的艺术部门。现在所谓的技术美学就是这样产生的。

八、关于文艺预测的问题

预测的问题，被一些人搞得很神秘。其实预测问题，在马克思主义看来，就是研究过去可以了解现在，研究现在可以知道未来。我看，现在所说的预测，无非是一种方法，它不能改变实质性的东西。实质性的东西有两个。对于文艺来说，一是你所了解的文艺情况是否真实？再一个，文艺是社会发展的一部分，你对文艺发展的规律掌握了没有？有了这两个东西，预测当然就出来了。比如，现

在党中央讲到建国100周年，即2049年，要赶上世界发达国家的水平，就是个很重大的预测。现在是1985年，到2049年，还有65年。为什么能这样预测？因为中央了解世界的情况。其中重要的一点，就是小平同志说的，近几十年，在世界范围内，大仗打不起来。这个预测完全是在了解世界情况基础上产生的。再有一点，就是中央了解历史发展的规律，是按历史唯物主义观点总结出来的。至于是怎么算出来的，那是个方法问题。你这么算也行，那么算也行。预测的本质就是这样。现在预测被弄得很神乎，似乎方法可以决定预测的结果。我认为，预测首先是了解情况，掌握规律，而方法不是决定性的东西。

现在有种倾向，有的人搞社会预测、文艺预测，完全受托夫勒、奈斯比特的那两本书（《第三次浪潮》、《大趋势》）的影响。这里边有一个很大的问题：托夫勒、奈斯比特的两本书是资本主义国家出版的，代表着资本家的思想，对于我们社会主义国家来说，根本不能代表我们的看法。我曾向马洪同志建议，组织一些人把这两本书以及其他一些书作分析，看看哪些讲的是对的，哪些是胡说八道。我们国家对于正确的、科学的东西，是不能否认的，但是我们的社会制度不同，我们不可能得出与托夫勒、奈斯比特同样的结论，不能按照他们的路数来。他们的路数是要让资本主义永远兴盛下去，而我们要走向共产主义。

九、关于文艺理论和美学的其他问题

我认为，文艺理论基本的东西还是应该坚持历史唯物主义。这个东西推不翻嘛！我看没有什么东西可以推翻它。上面提到的季红真的文章也是历史唯物主义的嘛！文艺理论的基本观点还是普列汉诺夫的那些看法。他是开山老祖，树立了对文艺问题的历史唯物主义的基本观点。文艺理论的哲学桥梁是美学。关于什么是美，我讲过许多次，我赞成李泽厚同志的看法，即美是主观实践与客观实际交互作用后的主客观的统一。就美感来说，不同的人有不同的美感，因为有不同的实践嘛！人的美感不同，对艺术的欣赏能力也就不同。说到这里，我有个看法，艺术是有不同层次的。有阳春白

雪，也有下里巴人，这就是两个层次。我们现在说有普及的，还有提高的，就是不同的层次。如果是外国的经典性的文艺演出在北京城里可能卖不出票，但在海淀中关村就能卖出去，因为那儿是高级知识分子集中的地方。文化部应该对这些情况心中有数。我以前讲过，在艺术里最高的层次是哲理性的艺术作品。

我就谈这些。如果我这个外行能够给文艺界的同志提供一点信息，提供一点议论的材料，就算我做了一点事。

18 我看文艺学[①]

英籍作家韩素音女士不久前提出要解决文学艺术和科学技术相分裂的问题，说分裂是不利于文化发展的。这大概是说西方国家的现实情况。在我们国家里，也有些同志把科学和艺术看作是截然孤立甚至对立的领域，把科学家看作是与艺术绝缘的人。我认为这种认识也不利于我国社会主义现代化建设，所以在1979年第四次全国文学艺术工作者代表大会上呼吁文艺工作者要多和科技工作者交朋友，以促进相互的了解。在1980年第二次中国科协的全国代表大会上，我又讲了科学技术和文学艺术发展的联系，提出科学技术现代化一定要带动文学艺术现代化（这篇东西后来发表在《科学文艺》1980年第2期）。这点努力可能有些效果，但眼看得见的变化也不大。紧接着的倒是在国内出现了"美人儿封面"的科学技术普及期刊和所谓"科幻小说"这样的奇特产品。现在好了，终于在1982年第3期《科学文艺》上有了马识途同志的文章，对文学艺术和科学技术的结合，对科学文艺提了看法，我读后感到非常愉快，很赞同。是啊，道路总是曲折的。

但我也是乐观的，这条路一定要走通。所以我再写这篇东西，讲讲把文学艺术活动看作是有规律可循的，因此可以作为一门学问——文艺学来研究。我的这点意见，对不对？请大家指教吧。

---

① 原文刊于《艺术世界》1982年第5期。

（一）

我感到文学艺术界的同志对一切规章制度比较敏感，因此可能不喜欢听人讲什么规律。据说有的甚至不承认有美学这门学问，强调自由创造。我们这些科技人员，常常被文化人同志们认为是一群刻板行事，思想不那么活跃的家伙，因为科技人员信科学，讲自然规律不可抗拒。这是把规律的约束和创造的自由对立起来了。其实规律是客观存在的，不管人喜欢不喜欢，它都要在那里起作用；不承认它，一旦违背了它，倒要撞车，反而没有自由了。承认规律的存在，努力去认识它，利用它去活动，去创造，才有真正的自由。这才是从必然王国走向自由王国。

当然文艺工作者在许多领域内也还是重视研究规律的。例如在绘画，就要研究色彩、明暗、线条的学问。在音乐，就有和声学、对位法，以及器乐法等专门学问。这些学问可以说是科学技术在文艺中的应用，是文艺技术科学。

另外在我们国家，文学艺术有一个最终目的，就是要使我国的文艺为人民服务，为社会主义服务，这是坚定不移的，就如科学研究的结果决不能违背客观观察和测验。要做到这一点，一定要研究理论，首先要研究马克思主义的文艺理论，坚持并发展毛主席《在延安文艺座谈会上的讲话》。这都是研究文艺与政治的关系，可以称为文艺学的政治理论，或政治文艺学。但还有其他理论。要加深对文学艺术事业的认识，例如现代文学艺术的结构，分几个大的部门？大部门之间的关系怎样？部门内部也还有层次，一个一个台阶，逐步提高。研究这种内部结构的学问可以称为文艺学中的文艺体系学。

当然，根据辩证唯物主义的认识论，文学艺术的实践的最高概括总归于马克思主义哲学。马克思主义哲学之所以是指导我们社会实践的原理，是因为它本身就是人通过实践所获得的，对客观世界认识的最高概括。

（二）

　　我曾在谈到科学技术的体系时，把现代科学技术划分为六个大部门：自然科学、社会科学、数学科学、系统科学、思维科学和人体科学（见《哲学研究》1982年第3期），扩大了传统的科学体系。与这相似，我想文学艺术也有六个大部门。

　　一个文学艺术的大部门是小说杂文，这包括长篇、中篇、短篇小说，报告文学，章回小说，杂文等。表达手段是文字的陈述。

　　再一个文学艺术的大部门是诗词歌赋。表达手段虽也是文字，但陈述性少，更多运用传神。我倾向把群众创造的顺口溜，不太文雅的打油诗都包括在这一大部门。

　　另一个文学艺术的大部门是建筑艺术。我想这不宜只包含土木构筑，还应把环境包括在内，也就是园林艺术，它们本来是一个整体，不能分割。在这一领域里，小可以缩到盆景，大可以到几十公里的名山风景区，再大可以扩为上百公里的国家保护游览区。因此这个部门应该称为建筑园林。

　　又一个文学艺术的大部门是书、画造型艺术。这里包括米粒上刻图、刻字，再大一点到印章、泥人、书法，直至壁画、佛像。小至一毫米，大至四川乐山大佛的几十米。

　　再一个文学艺术的大部门是音乐。声乐、器乐、独唱、独奏、合唱以及大小乐队的演奏。

　　最后一个文学艺术的大部门是综合性的艺术，包括戏剧、电影、舞蹈和歌剧类的我国各剧种，如京剧、沪剧、评剧等。相声、说唱也可归入这一大部门。至于电视剧当然归入到这里了。这个部门也包括节日烟火以及最近出现的激光和音乐综合演出。

　　以上六个文学艺术的大部门是用其表现方法来分的，能不能这样分？有没有大的遗漏？应该探讨。现代文艺的一些重要技术手段，如广播、电视、唱片、电视片、录音带、录像带等就同古老的书画、画册一样，可以为不止一个文学艺术部门服务，它本身不是什么文学艺术内在的部门。当然，技术手段影响行政组织，所以国务院分设文化部和广播电视部。

至于与科学技术和文学艺术都有关的如科学技术普及作品和科学小说、科学幻想小说呢？我想科普作品不妨纳入科学技术。科学小说和科学幻想小说以及这类题材的电影等可以归入文学艺术，进入上述六大部门中的一个部门。

（三）

关于文学艺术的结构问题，除了纵的大部门划分之外，也还有一个横的划分，就是前面讲的分台阶的问题。毛主席《在延安文艺座谈会上的讲话》中提到普及和提高的关系时就举两千多年前"下里巴人"和"阳春白雪"的例子。"下里巴人"是群众性的，大家懂得的歌曲，而"阳春白雪"是高级的歌曲，能唱的人比较少。可见分台阶是自古已然。文学艺术，不管哪一部门，是诗词，是戏剧，都分若干个台阶：第一个台阶是民间的，群众自己创作的，这是文学艺术的基础材料。文学艺术的专业工作者都要在此基础上提炼加工，从此吸取营养，创造出更高台阶的作品。高级作品逐步为群众所接受，又能在普及之后对群众的文学艺术作品有所提高。专业工作者靠群众，群众又靠专业工作者；高级作品要有低级作品的基础，低级作品要依赖高级作品才能上升发展。因此第一个台阶是十分重要的。

在第一台阶以上还有几个台阶？我现在也还说不清楚，大家来探讨。但我想总不会是一两个台阶，因为，我认为文学艺术有一个最高的台阶，那是表达哲理的，陈述世界观的。在诗词部门就有，李白的《下途归石门旧居》是这样一个例子吧。在音乐部门中也有，贝多芬的第九交响乐，弦乐四重奏111号作品，勃拉姆斯四首庄严歌曲等都是。这类最高台阶文艺作品给人的冲击是深刻的，持久的，所以我想，应该把它们放在顶峰位置。如果同意这样的看法，那我们就可以讨论是否所有六个文学艺术的大部门都有这种表达哲理的作品，哪个部门暂时没有，就是那部门的一个奋斗目标了。

讲了文学艺术的小说杂文、诗词歌赋、建筑园林、书画造型、音乐和戏剧电影等六个大部门，讲了文学艺术从群众性创造的第一台阶到哲理性作品的最高台阶，文学艺术体系的轮廓就有了，当然还有大量研究工作要做，还有待于充实和深化。

（四）

关于文学艺术这门把文学艺术作为人类一个方面的社会活动来研究的学问，我能说的就暂到此为止。除了政治文艺学和文学艺术体系学之外，可能还有其他文艺学的组成部分要我们去研究。总之文艺学实际上是对应于又一门现代学问——科学学的，科学学是把科学技术作为人类又一个方面的社会活动来研究的学问。不论文艺学，不论科学学都是建设社会主义物质文明和社会主义精神文明所需要的学问。

超出文艺学再往上，就是哲学了。人类文学艺术活动这一社会实践概括成什么呢？我想是马克思主义美的哲学。我赞成李泽厚同志的见解：美是主观实践与客观实际交互作用后的主客观的统一。其实不但文学艺术的美是如此，科学技术也有美，也是如此，A·爱因斯坦就是这么说的。

19 着眼 21 世纪，加强文化建设^①

什么叫文化？以前总是说不大清，甚至连"文明"和"文化"也搞不清。1982 年党的十二大报告阐明了社会主义物质文明建设和社会主义精神文明建设的概念，指出了二者的关系，并且讲了精神文明建设包括文化建设和思想建设两部分。我认为这是我们党对马克思主义理论作出的重要贡献。

根据十二大报告，我曾说过："社会主义文化是社会主义精神文明的客观表现，社会主义的思想道德是社会主义精神文明的主观表现。"对不对？向大家请教。

十二大报告讲了，"文化建设"包括教育、科学技术、文艺、博物馆、展览馆等各方面的建设。应当说讲的是很清楚的，问题是大家是不是都统一了认识。实际上，虽然时间已近六年，但大家对文化的概念还不很清楚，所以还没有形成共同的认识。

所以，什么叫社会主义精神文明建设，什么是社会主义文化？——这一问题应该是我们这一系列讨论的核心问题。这个问题搞不清，别的问题是很难说清的。比如科学技术就是文化的一部分，就在社会主义文化之中。由于人们都有不同的经验和实践，对问题的认识就会有不同意见。要考虑怎么说服人。于光远同志说，明年以纪念五四运动 70 周年的名义进一步开展关于文化的讨论，这个意见很好。我们今天研究问题要看到 21 世纪，21 世纪是怎样的世纪这应是研究问题的出发点。如糊里糊涂、晕头转向，看不到 21 世纪是怎样的世纪，那就很成问题了。

---

① 原文刊于《科技日报》1988 年 6 月 15 日。

《世界经济导报》今年来一直就我国的"球籍"作为问题进行讨论，这个题目很好，不把21世纪"球籍"问题认识清楚，就大成问题。据说1955年我国国民生产总值占全世界生产总值的4.7％，而1985年，30年后，我国国民生产总值只占世界生产总值的2.5％。但我国人口却占世界人口约20％！形势逼人，可以说现在的问题和1919年五四运动时期讨论中华民族的前途问题一样严重。它关系到有十几亿人口的中国，到了21世纪在地球上站得住站不住的问题。

　　对于改革开放，有人瞻前顾后、畏首畏尾，持"稳重"的态度。这虽然也是好心肠，但搞得慢了，如何参与世界那么激烈的竞争？如果把未来的"球籍"搞丢了，这可是个严重问题。我们要看到这一点！我们正值社会主义初级阶段，还要建设高级阶段的社会主义，进一步取得共产主义的胜利，绝不能到21世纪把我国"球籍"丢了，丢了"球籍"，不是一切都成了空想了吗？5月22日至24日《参考消息》登了华裔记者梁厚甫的文章：《总结二十世纪展望二十一世纪》，他也介绍了在美国就有人怀疑是否将来永远是资本主义的天下，提出资本主义也要进行改革以适应新形势，最终资本主义也将让位给社会主义。另外美国华盛顿大学一位教授还提出"新资本主义"，说21世纪的资本主义要有新思想，这类资料很值得我们看看，作为我们分析认识问题的参考。我们应很好地认识21世纪的世界，采取聪明的战略与策略，建设中国的社会主义。现在是时候了，应该意识到：我们如搞不好，社会主义建设就要落空。

　　下面谈谈"文化学"，文化学是个不断变化的学问。世界在不断发展变化，不要总看到我们过去怎样。"文化"不是个空洞的概念，从文化是上层建筑这个角度看，它是经济基础决定的。从经济基础说，不同地区的发展是不平衡的，这就影响了各地文化发展也不一样。我国有不少地区很落后，就是经济基础差所造成的。珠海市很发达；天津大邱庄今年收入可达4亿元人民币，大邱庄对教育就很重视。这些都为我们研究文化问题提供了很好的资料。另外，不同国家的发展水平不同，也为我们研究文化提供了资料。

要找到文化发展的规律，要制定能适应 21 世纪世界形势的文化发展战略，就一定要研究文化学。

我们搞科学技术的人，总想尽可能学点文学、艺术、音乐、绘画等等，大科学家爱因斯坦的小提琴就拉得很好。现在说科学技术是大文化的组成部分，是不是文艺界的人也能学点科学技术呢？在今天，大学里的文科教授不学点科学技术能行吗？

20　科学技术现代化一定要带动文学艺术现代化[①]

有不少科学家、工程师会吟诗作画，也有不少科学家、工程师写得一手好字，这也许是封建文人传统的好的一面。但一般来说，科学技术和文学艺术这两大方面好像关系很少，科技工作者和文艺工作者接触不多，相互了解也比较少。舞台上的科学家毕竟不那么像科学家，也可能就是这个缘故。

中国科学技术协会下属有科学普及创作协会、科学电影协会和科学普及美术协会。三个全国性组织把科学技术工作者和文学艺术工作者结合起来了。但我想科技和文艺的联系不能只是电影和科普，应该广阔得多。下面就谈谈我个人的意见，请同志们考虑，不当之处请批评指正。

一、文艺中的科学技术

考虑文艺发展的历史，感到是科学技术的发展为文艺的表达提供了各式各样的工具。没有电影技术，就没有电影艺术；没有照相技术，就没有摄影艺术；没有现代电子技术的发展，也就没有作为文艺的一种表达工具的电视。再说我们的广播，离不开电子声学装置，比如说微声器、扬声器那一套。过去唱歌、唱戏，没有麦克风，没有扬声器，都是凭嗓门，凭体力的。在大一点的场所，要能够听见，就要嗓门大。后来出现了微声器，这对歌唱艺术家来讲，是个很大的变化。据说，近年来我们有些文艺团体出国访问，到了某一国家，那儿还是老习惯，不给安麦克风和扬声器，而我们的文

---

①　原文刊于《科学文艺》1980年第2期。

艺演出是用麦克风和扬声器的，我们的歌唱家就很为难了，他唱不了那么大的嗓门呀，结果效果就不那么理想。还据说，用麦克风和扬声器的唱法跟不用它们的唱法不一样，一位歌唱家很难兼而有之。从这一个例子不就看清了科学技术对文学艺术的表达有深刻的影响吗！

让我再举更多的其他方面的例子。

前次到广播事业局，那里的同志给我们讲所谓多声道录音，他们认为那是大有发展前途的。这就是一个乐队录音分好几个声道进行。比如说，这一部分是弦乐器的声道，那一部分是铜管的声道，这部分再是打击乐器的声道，等等。这样子录音的好处是在录音的时候，哪一部分出了点问题，不需要全部重新再来过，只要那一部分乐器重新再录一次就行了。最后把几个声道加在一起，效果就变为整个乐队的了。据说这个技术还可以进一步推行到每台乐器、每个演奏者一个声道，把重新录制的工作只限于个别人。

再说建筑艺术，那更是要依靠建筑材料了。如果只能用石头来造房子，就不可能建成北京故宫那样的殿宇；如果没有钢筋混凝土，那也不能建成北京火车站或人民大会堂；如果不用钢架结构，也建不成几十层的高楼。随着时代的变迁，科学技术的发展，建筑形式即建筑艺术的表达方式也必然变化。河北省赵州桥尽管是以前劳动人民的杰作，但我们不会也不可能把跨长江的大桥建成赵州桥的样式。现在我们认识到我国是一个地震比较频繁的国家，我们盖房子老用"秦砖汉瓦"是不行的，要改用构架式加轻质墙板。由于材料变了，技术变了，建筑也必须变。现在遍布我国城镇的宿舍楼、办公楼再过十多年可能要成为老古董了，我们的建筑设计师们将为人民创造出式样新颖、更符合社会主义新中国风貌的各类建筑形式。

绘画书法和其他造型艺术不也是这样吗？中国的水墨画是建立在宣纸的基础上的，书法也是如此。所以造纸技术和造笔、造墨、造颜料的科学技术是绘画、书法的基础。要复制就要靠印刷科学技术，这一点我国还比较落后，必须努力赶上去。至于雕塑那就要讲究用什么材料，是各种质地不同的石料？是石膏？是金属铸造？大的雕塑还得研究结构强度，可能里面得有钢架。这次全国科普美术作品展览就有一座雕塑，由于作者使用了质量很轻的泡沫塑料才有可能制作成功。

戏剧呢？我们当然会想到舞台上的灯光布景。近年来我国舞台上几乎普遍使用天幕幻灯投影作为布景手段，取得很好的效果。这在没有摄影技术和强光源的时代是不可想象的。舞台也有能转的，一分钟就把前台转到后台，把后台准备好的场面移到前台，大大缩短了场与场的间隔时间，使观众的情绪不致因久候而冷下来。这就更明显是科学技术的成果了。

我们在前面已经说到没有摄影科学技术就不会有电影艺术。今天我们到电影制片厂去参观，这一点我们是可以学到的，因为拍摄棚的灯光布置简直是一个小小的电力工业系统，而胶片在拍摄前还要经过一系列检验，标定它的感光速度，洗印时要选配最合适的洗印液，在洗印机(它本身就是现代工业的产品)房中一切操作都要有严密的控制。洗好的底片还要再检验，一段一段标出它的色彩补偿措施，这才能开印正片。这都是现代科学技术的应用。最近又有了新发展：由于电子技术、电视技术的发展，电影拍摄不必把画面一次拍成，而可以像多声道录音那样，分别拍摄：一次拍自然外景，一次拍近场的房屋、树木，一次拍人物动作，再一次录音。然后综合起来成为一幅画面，而且把重叠的图像自动消掉。甚至影片的导演可以根据剧情去掉原拍摄画面上某一事物，例如外景是现在拍的，而剧情是几十年前的事，那时外景还没有现在的高压输电线和电线塔架，为了真实，导演可以控制综合机，消除画面中的电线和塔架。

以上举的这类事例还可以列出很多很多，但就是已经讲了的也使我们看到科学技术的发展对文学艺术表达方式方法的影响。对于这一点，在以前好像是不为我们所重视的。往往是科学技术的发展给文艺的表达提供了前所未有的可能，而这种可能又往往不是自觉地为文艺工作者所利用，常常倒是其他人，偶然发现了这种可能性，从而开拓了文艺的新形式、新文艺。这种蒙昧，在150年前也许是不可避免的，但现在我们已经懂得了辩证唯物主义，并且应用到人类社会现象，建立了历史唯物主义，我们应该自觉地去研究科学技术和文学艺术之间的这种相互作用的规律。不但研究规律，而且应该能动地去寻找还有什么现代科学技术成果可以为文学艺术所利用，使科学技术为创造社会主义文艺服务。我们也要在这个领域走到世界前列。

我希望文化部领导的文学艺术研究院能在这方面起很大的作用。

二、可能出现的文艺新形式

我们现在看到了什么新的可能呢？一个是激光，激光的光强要比最强的聚光灯还强过不知多少倍，激光可以使我们节日的焰火礼花增添新光彩。北京天安门广场的焰火在施放的同时，用探照聚光灯在天空形成多道飞舞的光束，为彩色的、变化的礼花衬托一幅光辉的背景。但比起激光器来，聚光灯是大为逊色的。激光器不但光的强度大得多，而且可以有各种色彩，甚至一台激光器的色彩是可调的、可变的。有了几十台激光器放出多彩的光束、变化的光束，在天空中飞舞，加上焰火礼花，那将是一个壮丽的场面。

大家可能去过电子计算机的机房，在有参观人员时，科技人员常常使电子计算机唱歌。所以电子计算机是会唱歌的，当然是在人的指使下，它才唱，电子计算机只是工具。一般机房里的歌声是很单调的，没有音色的变化，也没有力度的变化，不是高超的艺术。当然现在还有电子风琴，比计算机房的歌唱声算是改进了一点，也还比较简单，显得单调。但电子计算机作为一台复杂而又高速的控制机器，完全可以根据人的愿望综合出各种声音，比如人的歌声、弦乐器的声音、铜管的声音、木管乐器的声音、打击乐器的声音，而且音域更广，强弱比更宽。所以有朝一日我们将进入一场音乐会，台上没有乐队，没有歌唱家，没有独奏音乐家，也没有指挥，可能有一位音乐家坐在台旁一角，他面对一台有一排排按钮和旋钮的控制台，我们看他不时按一下这个按钮，有时转一下那个旋钮，再也没有其他动作了。是在幕后的电子计算机按照作曲家写的乐谱综合出深刻、动人、雄伟的音乐，通过安放在音乐厅各处的扬声器演奏出来，台旁的音乐家只作必要的调节以加强音乐的感染力。有作曲家，但除了控制台前的音乐家外，没有任何演奏人员，是电子计算机代替了，代劳了。不但代替，电子计算机还可以按人的意愿制造出前所未闻的音响，作曲家不受任何乐器和歌喉的限制，大胆自由地创作，使音乐艺术向更高水平跃进。

同志们也许还记得在参观电子计算机房时，科技人员叫电子计算机画图，写出什么"欢迎参观"之类的字句。是的，电子计算机能绘出人叫它画的任何图画，而且比人画的更细致准确。我现在讲个故事：在美国有一所私立的名牌大学，要在学校已有建筑群中再添一座用作小博物馆的塔楼。楼是设计好了，就差经费不能动工兴建。在美国，这是要向大资本家募款的。这个学校的校长想出一个点子，要以奇取胜，他就同学校的电子计算机教授们和建筑学教授们商量，要使电子计算机控制一台电视机，在电视机荧光屏上出现这座还不存在的博物馆塔楼在已有建筑群中的远景，然后要电视机出现一个人一步步走向这个还不存在的小楼的景象，然后登上这个还不存在的小楼，直到还不存在的塔楼顶层，眺望全校校园景色。这件事办成了，电视短片制成了。这个故事启发我们，电子计算机既然可以制造还不存在的小塔楼的外景、内景的电影，电子计算机一定能制造整部的电影。有了创作家写的电影剧本就能通过电子计算机和光电技术、声电技术制造出电影来。开始时也许是电子计算机只造背景，人物动作还是真人演员拍摄，然后如同前面讲的那样综合成片子。也许最后真人拍摄的部分逐步减少，主要是电子计算机造电影了。这就使电影导演从拍摄工作的局限性中彻底解放出来，大大地拓展了他的创造能力，促使电影艺术向前发展。

激光焰火、电子计算机为制作工具的音乐和电影，这不过是举几个例子说明现代科学技术的确能提供文艺表达的新形式，还有许许多多其他可能形式等待我们去探讨。前景是十分诱人的。

三、工业艺术

文学艺术中有科学技术，那么科学技术中有没有文学艺术呢？当然有。前面提到建筑艺术，它实际是介乎工程技术和造型艺术之间的东西。也有人还要细分：把建筑划成以艺术表达为主的构筑，如纪念碑、纪念塔、美术馆、博物馆，以至大会堂等公用建筑；另一类是以使用为主的构筑，如工厂、办公楼、宿舍等。其实分类或不分类，建筑应该有艺术的成分是无疑的，人总喜欢他日常生活中的房子不但合用，而且有美感，给人精神上的享受。在我们国家尤其要提到与建筑相关联的园林，这是我国传统的艺术，大至一处山川风景区、一座皇家宫院，小至一户住家的园林，都是艺术上的杰作，称颂中外。

人们在日常生活中使用的东西，除屋宇外，还有各种用品，杯、碗、器、皿、盘、盆，历来劳动人民对此倾注了不知多少心血。这也是艺术创造。在我们国家，这种传统制作称为工艺美术品，是轻工业的一个重要方面，还要大力发展，已经有一个中国工艺美术学会。但我们尤其应该重视日用品中那些一般不认为是工艺美术品的东西，它们难道就不该得到艺术家的注意，就该随便选形，随便装饰，搞得难看吗？当然不应该如此，而应该做到我们常说的"美观大方"，人民爱用。我想这也许就可以称为工业艺术了。

其实工业艺术已经有了，钟表设计得美观，不是工业艺术吗？无线电收音机设计得美观，不也是工业艺术吗？电视机设计得美观，自然也是工业艺术。至于衣着被褥，从材料设计到服装设计更和美术有关，也是工业艺术的一个方面。在这方面，在工业生产部门也实际有专业的美工人员，而且有学校专门培养人才。我想我们应该进一步重视这方面的艺术，大大推广它的范围，推广到书刊设计，推广到缝纫机设计，推广到家庭和办公室家具的设计、灯具设计，推广到自行车设计，推广到各种汽车外形设计等。一句话，要把工业艺术应用到一切工业产品，就连机械加工的机床也并不一定非老是那个样子不可。要打破这些人们天天接触的东西老是不变，或是变得很不好看的常规！

我想工业艺术的工作者队伍是不小的，中国科协应该考虑在三个科学技术和文艺技术相结合的协会之后，再成立一个工业艺术协会来交流这方面的经验，推动这方面的发展。

四、展览馆的艺术

参观展览馆是人民所喜欢的一种受教育方式。如果说一个人平均活65岁，前10年年岁太小不算，平均一个人有55年可以去展览馆。我国有大约10亿人口，每人一个月去一次展览馆，每年就是大约100亿人次。展览馆星期一休息，一年开馆312天，每天接待观众以3000人计，全国就要10000多个展览馆！所以说在我们这样的国家办展览馆是件大事。

我们对展览馆、博物馆是重视的，新中国成立以来展览馆、博物馆，包括美术馆、农业馆、科学技术展览馆、植物园和动物园等，也确实办了不少。但我看似乎对这个问题还缺少一个全面的认识。往往是等到已经定了要举办某一展览了，才找一个临时班子；他们也很花心思，很辛苦，往往从头做起。但展览一结束，班子也散了，他们的实践经验得不到累积和继承，所以也不能很好地发展。我看办各种展览是一种演出，只不过这场演出是观众同演员直接接触，都在台上，没有台上、台下之分。既然是一场演出，为什么没有一个演出的组织呢？为什么不请一位总导演呢？既然是一场演出，就应该根据展览的目的，有个脚本，也就是有个展览的总体设计，展览的内容如何安排，如何穿插，如何从序曲，逐步展开，中间有高潮，有插曲。一定要使参观的人，看完展览之后有个深刻的印象，而印象必须是展览设计要达到的。我们现在的展览未必能达到这个要求。参观的人出了展览馆大门，脑子里留下的往往是眼花缭乱或一些片断的印象，展览的教育目的可以说没有完成。戏剧和电影的创作都有很深的讲究，为什么展览就没有一门展览学，也没有个展览学院呢？

至于展览的具体工作，就像戏剧和电影也有其科学技术，要办好展览，也要引用现代科学技术。我们现在一般是用不能活动的模型或图板，最多有些灯光可以开关，讲解员拿着教鞭，站在那儿一次又一次的用嘴讲，实在累人，连嗓子也讲哑了。为什么不用活动的模型呀？用电影呀？录音、录像、大屏幕显示都可以用嘛。而且这一切是可以用自动程序控制的，完全可以为讲解员代劳。这就是展览技术的现代化。

当然，展览馆是多种多样的，有综合性的，而更多的是专业的，也有讲一个问题的。这是展览馆建设的问题了。我在这里不来多谈这方面的问题，我只想强调一下展览馆工作中的艺术问题，作为科学技术与文学艺术结合的又一重要方面。

五、科学文学艺术

我主张科学技术工作者多和文学艺术家交朋友，因为他们之间太隔阂了。文学艺术家是掌握了最动人的表达手段的，但他们并不清楚科学技术人员的头脑中想的是什么，那他们又怎么表达科学技术呢？长江葛洲坝的宏伟图景只能拍那么几张紧张施工的照片，没办法的工程技术人员无可奈何地自己画张大坝竣工后的全景，是合乎科学的，但没有气魄，不动人。我们多么希望我们的画家能用他的笔创造出一幅葛洲坝的宏图来激励日夜为大坝奋战的大军呵！

再说我们现在要实现农业现代化，我们的文学艺术家们知道不知道我们农业科学家和农业机械师所想象的未来农村呢？我们多么希望我们的文学家能描写出一个 21 世纪中国农村的活动呵！工业现代化呢？下个世纪的工厂是什么样子呢？

但这是说我们大家所习惯的这个世界。科学技术人员通过各种探测仪器所观察到的范围比这个世界要广阔得多，观察加科学理论使科学技术人员能超出我们这个常规世界，进入深几千米的大洋洋底。不，再深入到地球地壳以下上千公里的地幔，更深入到几千公里的地核，地球物理学家可以讲得头头是道，但哪一位文艺作家接触过这个世界呵！

往大里说，科学家知道地球外十几万公里的情况，那里有太阳风引起的磁暴。再往外到月球、火星、金星、水星、木星、土星、天王星、海王星、冥王星，天文学家能讲上不知道多少昼夜，那是太阳系的世界。再往远处是恒星的世界，在星团区域里，天上不是一个太阳而是几十个、上百个太阳同时放出光辉，有像我们太阳光的，有放橙黄色光的，有放红光的，绚丽多彩。这是银河星系的世界。天文学家还知道星系以上范围更大的星系团和星系团集的世界，那是几亿光年范围的世界。我们也希望我们的文艺界朋友写一写或画一画这些世界啊。

往小里说，生物学家对微生物，对细胞、遗传基因，还有核糖核酸、脱氧核糖核酸的活动，都能讲得很详细，讲得很生动，这也是一个世界。物理学家和化学家还可以讲到更小尺度的世界，讲分子、原子的世界，讲原子核的世界，讲基本粒子的世界，一直讲到基本粒子里面的世界。这是小到一个厘米的亿亿分之一了。我们也希望我们的文艺界朋友能写一写或画一画这些世界啊！

所以我们大家所习惯的世界只不过是许许多多世界中最最普通的一个，科学技术人员心目中还有十几二十个世界可以描述，等待着文学艺术家们用他们那些最富于表达能力的各种手法去创造出前所未有的文学艺术。这里的文学艺术中，含有的不是幻想，但像幻想；不是神奇，但很神奇；不是惊险故事，但很惊险。它将把我们引向远处，引向高处，引向深处，使我们中华民族的精神境界有所发扬提高。

我在这里讲要把文学艺术和现代科学技术结合起来，提出了文艺中的科学技术和文艺新形式的问题，提出了工业艺术问题，展览馆的艺术问题，最后讲到科学文学艺术问题。因为科学技术现代化是四个现代化的关键，结合了就会出现现代化的社会主义新文学、新艺术，科学技术现代化要带动文学艺术现代化。懂得历史唯物主义的中国人民，要能动地利用掌握了的客观规律来创造出前所未有的社会主义新文化。

同志们，我讲的能不能实现？啊！是的，但同志们请你听，你听啊，这不是亿万人民新长征的脚步声？让我们努力追上去吧！

21 对技术美学和美学的一点认识[①]

我从前写过一篇东西，讲文学艺术和科学技术之间的关系，在那里，我说：文学艺术的创作也总要有个科学技术的基础，没有纸张、印刷，也就难有今天的文学；没有摄影技术和电声技术，也就不可能有今天的电影。这是一个方面的关系，可以说是科学技术为文学艺术服务，现在我们的"技术美学"是一门把美学运用到技术领域中去的新兴科学，可以说是另一个方面的关系，是美术为科学技术的产品设计和制造服务。

我写的那篇文字，也讲到科学技术的产品设计和制造中的美术问题，例如各种日用品，杯、碗、器、皿、盘、瓶、盆等，衣着服饰等，图书装帧等，以至产品包装等，要做到"美观大方"，又经济实用，这大概属于工艺美术。从经济效益看，这也不是件小事。例如目前在我国，一方面人民手里有钱，要穿得更好些，而另一方面纺织工业又开工不足，不是缺纤维原料，而是库存积压。怎么回事？是衣料布匹花色品种太单调，不美观，所以人民不喜欢。这里工艺美术是可以帮助解决问题的，从而创造出以亿元计的价值。因此工艺美术是件大事。我们也有个专业性组织，叫中国工艺美术协会。

其实这个领域还可以扩大些，包括一切产品的设计，一台机器的外形、色彩，难道就不需要搞得"美观大方"些吗？从前我国制造的机器总爱漆成暗灰色，很难看，现在色调浅些，常常是淡灰色，是个进步。这方面还大有可为。这样，工艺美术就该扩大成为

---

① 原文刊于《技术美学丛刊》1984年第1卷。

"技术美术"，它更是社会主义物质文明建设和社会主义精神文明建设的大事了。

我以前把文学艺术分成六个大部门：小说杂文、诗词歌赋、建筑艺术、书画雕塑等造型艺术、音乐，以及戏剧电影等综合性艺术。现在看，这六大部门包括不了。出了一个把科学技术产品和造型艺术结合起来的部门——技术美术。不是六大部门，文艺要分成七大部门了，是小说杂文、诗词歌赋、建筑艺术、造型艺术、音乐、戏剧电影等综合性艺术和技术美术。当然这种分法也只是一种认识，认识过程并没有结束，还会有发展。例如我最近也在考虑：有我国特色的园林艺术应不应包括在建筑艺术之内？因为园林艺术是一种改造生活环境的艺术，比建筑艺术综合性更高。如果这样，那文学艺术又要再加一个大部门——园林艺术，成为八大部门了。

在1983年10月厦门全国美学学会第二届年会中，与会同志除了肯定了技术美学之外，还对部门艺术美学的问题展开了讨论，强调美学的研究还应强调部门艺术美学的探讨，更多地注意到文学艺术各部门的特性。我想从这一观点看，我们这里说的技术美学应该是联系技术美术的部门艺术美学。有多少部门美学呢？有多少文学艺术的大部门，就有多少部门美学。照前面讲的，就该有小说杂文美学、诗词歌赋美学、建筑美学，造型美学、音乐美学、戏剧电影美学、技术美学，或再加上一个园林美学。

研究学问就是一个人认识客观事物的过程，而这个过程总是从个别到一般，再用上升到一般的规律来指导更深入的对个别的研究。强调部门艺术美学的研究是对的，它是一条必须经历的道路；从文学艺术的实践到理性认识、部门艺术美学，再到一般美学，最后到马克思主义哲学这一人类认识的最高概括。这条认识道路的顶峰是马克思主义哲学，而不能是什么其他，这也是马克思列宁主义的论断。根据这个思想，我曾提出，美学是文学艺术的创作实践到马克思主义哲学的桥梁。

我想，以上这条思路也许是有助于美学研究的。目前大家对美学的见解还不很一致，有同志说美学现在还偏重于哲理性的探讨，建议要从心理学等方面来研究美学，开辟新途径。为什么偏重于哲理性的探讨呢？原因之一可能是：美学还不是现代意义的科学，还有许多空白点，没有事实，要用思辨以至猜想去补。这倒正如恩格斯所说的，是经典意义的"自然哲学"了①。我们是科学的社会主义者，不能满足于"自然哲学"式的理论，要努力建立科学的美学。怎么办？上面说的走心理学的路子是可取的。但我认为如果要说得更完整些，就应该引用思维科学②这个概念，因为美感是人思维过程的结果。当然思维的器官是物质的大脑，所以追到底，还会进入我所谓的人体科学，而人体科学的基础科学包括心理学。

这是从人的思维实践来研究美学，所以我以前也想把美学作为思维科学的一门学问。但我现在认为这不见得妥当，为什么呢？这是基于以下的理由：

人的美感与人的社会实践和社会意识有直接关系，不完全决定于人脑思维方式和规律，如抽象思维、形象思维和灵感思维。即便两个人的思维方法和规律相接近，但社会实践不同，从而社会意识不同，美感也很不一样。在阶级社会中，统治阶级的美感同被压迫被统治的劳动人民的美感不一样；而在今天，有些人认为是美的东西，而我们大多数人都说是精神污染！真是天南地北，截然不同。所以美的实践又是一项人的社会活动的产物，必须从社会活动的规律去理解。没有什么脱离社会实践的所谓美。

这样，研究美学还必须考虑又一条路子：考察文学艺术的创造和欣赏这项社会活动的规律。历史上的、旧社会的要研究，而对我们来说，尤其要集中力量研究在今天的中国，文学艺术与社会主义物质文明和社会主义精神文明建设的关系，它的规律。这就是我称为社会主义文艺学的学问。这里加了社会主义这个限制词，以区别于其他时代、其他社会制度下的文艺学。这是一门新时代的新学问，不是什么古老的文艺学论述。

按以上的设想，建立马克思主义的、科学的美学，要开展三个

① 恩格斯. 路德维希·费尔巴哈和德国古典哲学的终结［M］//马克思恩格斯选集（第4卷）. 北京：人民出版社 1972：241-242.

② 钱学森. 系统科学、思维科学和人体科学［J］. 自然杂志，1981(1)：3.

方面的工作(图1)：一是从部门艺术美学中提炼，而部门美学又是从总结不同文学艺术大部门的实践建立起来的。二是从思维科学以至人体科学吸取营养。三是从文艺学，特别从社会主义文艺学中找美的社会实践的规律。

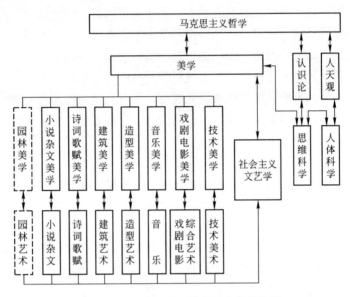

图1　马克思主义的、科学的美学结构图

当然建立全部结构，并非一日之功，而且也不会是只有等基础全部搞好了，上面一层结构才能动手，因为事物总是相互关联的。上面的结构也可以指导下面一个层次的研究。例如，虽然马克思主义哲学还要发展，但它现在就必须用来指导美学以及部门美学的研究。又如，尽管一般美学还有许多问题尚待研究解决，但它也必须用来指导技术美学的研究和技术美术工作。而各部门艺术美学之间也可以相互借鉴。

我的这点认识，有没有对的地方？此图的结构有道理吗？请同志们指正。

22 把科普工作当作一项伟大的战略任务来抓[①]

你们提出科普学，也就是搞好科学技术普及的学问，这是一个大问题呵！

就世界范围来看，从历史上来看，像我们国家这样重视科学普及的，是没有先例的。这是由四个现代化建设的需要所决定的，因为科学技术现代化是实现四个现代化的关键嘛！也由于我们国家是人民当家作主的国家，不普及现代科学技术知识，怎么实现四个现代化呀！我们国家现阶段的主要任务是什么？搞科普工作的同志要全面地、好好地想一想。华国锋同志在科学大会上的报告，讲得很清楚，要认真领会。总之，要把科普与实现"四化"紧密联系起来，不能离开这个目标，离开这个中心。

中华民族过去深受三座大山的压迫，"文化大革命"中又遭受林彪"四人帮"的浩劫，广大人民群众的科学文化知识与世界先进国家相比，确实相差太远。因此对科普工作要求的量和要求的质，都是史无前例的。中国科协怎样承担这样艰巨的任务，是我们应该认真研究的。昨天耀邦同志在大会上讲知识分子是党的依靠力量，作为工人阶级的一部分，我们面临的任务是相当光荣的。耀邦同志讲了发展我国科学事业的三个大措施，这是带根本性的。

那么我们怎么办呢？科普工作该怎么搞呢？科学普及实际上是一个改造社会的任务。你们二位讲得好，讲的都是事实。关键是用什么观点去分析这些问题，最重要的是要用马列主义，用辩证唯物

---

① 本文系作者在中国科协"二大"期间读了周孟璞、曾启智的《科普学初探》一文后与该文作者和中国科协有关同志的谈话。原文刊于《科普创作》1980年第3期。

主义和历史唯物主义作指导。

首先，为什么要有科普？这就是科普的作用和重要性吧！这个问题一定要解决。我们当然不是第一个。在18～19世纪，国外就有许多人搞科普，现在也是这样。国外为什么搞科普？资本家为什么要掏钱搞科普？什么"慈善事业"，那是说说而已，资本家为了获得自己的好处才搞科普，还是为了他的阶级利益。资本家认识到，科学技术要发展，经济要发展，需要造就具有科学技术知识的高效能的劳动大军，而面对着科学技术发展的日新月异，国民教育已不能适应，国外都很注重知识的"再学习"，就连工程师几年后也要回炉，不能靠在一个学校里学的专业知识吃一辈子。

那么，我们无产阶级搞科普呢，就更需要有眼光了。

单纯讲科学技术是生产力是不够的，要讲"转变"，要讲"变成"才行。于光远同志讲科学技术变成生产力，我很同意这个观点。他还说现代科学技术要包括社会科学，因为社会科学是组织管理好生产所必需的，我也很同意。从道理上讲，就是科普可使科学技术转变为生产力，要用到生产上去，要去发展生产。

我们现在搞四个现代化建设，可是我们现在有很多领导不懂科学技术，有的还根本没摸到边，这怎么行呢！我们的科学家、工程师也有落后的。那么教育呢？春节时有老朋友来看我，我问他们的孩子们现在学什么，发现中学的教学内容有相当部分是老一套，还是几十年甚至百年前的东西。大学课程也有这方面的问题。

培养真正能摸到现代科学技术脉搏的人才是最重要的。作为学校教育的重要补充，科普一定要为此而努力。

那么，什么是科普的对象呢？

科普的一个目的是要使群众掌握科学技术，从而使群众变成现代化的巨大生产力，因此科普的对象是人民群众。

我们要从文盲开始抓起。我们国家还有相当多的文盲，尤其是新出现的青壮年文盲，他们迫切需要学习文化和科学技术。

小学文化程度的人也是我们工作的对象，这个工作量也是很大的。中学文化程度的人也需要学习。我们许多干部大概就是中小学文化程度吧，都要学习科学技术，也能够学习科学技术。

大学文化程度以上的人也需要科普，专家们也需要科普，不过那是高级科普罢了。

科普的要求一定要明确，什么样的人达到什么样的水平要明确。

科普的内容范围也是一个很重要的问题。我想有两个方面，不是一个方面，不仅是普及一般的科学技术知识，还需要普及正确的世界观。这头一方面大家都熟知，不用多说。我只强调一下这第二个方面，这是我们所特有的最锐利的思想武器。现代科学技术不断充实和发展着马克思主义的哲学。从哲学到人类所有知识都是科学。现代哲学要靠现代科学技术来发展、来深化。从另一方面看，没有一个正确的世界观，科普也是搞不好的。我过去宣传电子计算机，就有人说我是机械唯物论。这怎么是机械唯物论呢？人工智能、控制论、遗传学中的摩尔根学派等等，过去为什么要批呢？事实证明，马克思主义的世界观最有生命力！现在我国青年中有一股轻视哲学的风，这是不对的，一定要纠正。

现在再回到科普学的问题上来。"学"就是要找一点规律性的东西。用历史唯物主义和辩证唯物主义来分析，为什么要搞科普？怎样搞科普？我们是务实派，但我们也务虚，不单是为了眼前利益，而且有远大理想，有理论高度。

"科普学"属于社会科学，是学校教育之外的社会教育学。我看教育的含义要广些，我们常说这个戏好，很受教育，这个报告好，深受教育。你看，这不是教育吗？所以从一定意义上讲"科普学"实是教育学的一部分，要配合学校教育，不要分割开。但不管如何，知识总是来源于实践，先实践，后总结。现在不忙琢磨科普学的概念，重要的是干，干了一遍之后，学问就出来了。20世纪50年代我们提出了任务带学科的口号，这个口号是对的。学科怎样发展？还是要通过实践活动的发展来决定。总之，我主张实干。

科普这件事怎样办呢？首先要真正解放思想，不能僵化。比如所有手段都要用，而且因地制宜，也可以利用民间固有的表演手段加以改造，作为科普手段。还有组织管理，也很重要，这也是一个系统工程！要有一个明确的目的，全套的、综合的计划。就叫科普系统工程吧！科协的科普部，应该成为科普的总体设计部。

科学本身是严肃的，科学普及不能庸俗化。现在有些科普文章和某些流行的科学幻想小说，我看在思想上和科学内容上都有些问题。科普要对科学和读者负责。我们需要幻想，但一定要有科学这个前提。科学本身比有些人鼓吹的所谓科学幻想高一千倍。原子、分子、宇宙、遗传信息……实在丰富得很！关于这一点，在我的大会发言里已经讲到了。我们不是靠胡扯，而是要靠科学本身的魅力去吸引读者！当然我也不是说不要借助文艺的表现手段。但采用文艺的表现方法，并不是叫我们去瞎编一套。

我们欢迎文学家写科学家，但文学家一定要了解科学家，才能把科学家写像、写活。黄宗英同志的《大雁情》写得好，把科学家心中内在的东西刻画得很好。但现在有些人一不懂科学，二又不了解科学家，就提笔写，这怎么行呢？有些写科学家的文学作品不够真实，应该引起注意。

科协的工作要大胆地干，不要缩手缩脚，要有工人阶级的气概。除了组织学术交流外，科协一定要把科普当成一项伟大的战略任务来抓。每一个科协的会员，每一个科学技术工作者都有科普的责任。我曾经建议，理工科大学生毕业时，要有两篇文章，一篇是科学论文，一篇是科普通俗文章。一个科学专门家，如果不能把本专业知识通俗地表达出来，怎么能说他精通了本行的专业呢？我们现在一些科技工作者，讲起话来，专业术语满天飞，也不分在什么场合，什么对象，都是那一套术语，人能听懂吗？能不能把语言说得通俗一些呢？

我们讨论问题总是太拘束，这不好。外国大权威与学生讨论，可以大吵大闹，我们为什么不能呢？过去在美国时，我的老师力学大权威冯·卡尔门，同我讨论问题，有时我们有争论，他没有说服我，但我出于对老师的尊敬，不好坚持我本来正确的观点。第二天一早，他就来到我的小办公室里，郑重宣布昨天他自己错了，向我道歉。这种对待科学的态度真令人感动，我认为学生往往启发老师，即使学生提的问题是乱弹琴，也能促使老师去研究更多的问题，因为你要说明问题，就需要引证更多的资料。

一切学问都要在马克思主义哲学的指导下研究，科普工作也是如此。抓住这个，就站得高，看得远，就能看到看不清的东西。让我们以此共勉吧！

23 对科普的一些看法[①]

讲一点我个人对科普的看法。

科普科普嘛，这是一个缩称，就是科学技术普及。当今之世，科学技术应该包括社会科学，也就是现代科学技术，这是国家建设中国式的社会主义非常重要的一个方面。没有科学技术的知识，很难设想我们怎样来建设社会主义的"两个文明"，最后实现"四化"。所以，让广大的人民有科学知识，理解现代科学技术，这是非常非常重要的一件事情。那么，科普在这个事业当中，当然要起很大的作用。我想，说科普，泛泛地讲不大合适，因为，现在科学技术已经是这么复杂了，你这个科普到底是为谁的，谁来听，谁来学，谁来利用很重要。你不可能搞一个科普，有普遍适应性，谁听都合适，这大概是办不到的。

那么，首先应有一个比较专门的科普，或者叫高级科普，这种科普现在在世界上也是非常重要的。这种科普，是为了专家看的，专家去了解他本行之外的科学技术知识，因为，现代的科学技术，相互之间的关系很多。一个人假如说，只钻一行，一点其他行业的东西都不知道，那么，他一定遇到困难，最后，叫钻牛犄角吧，越钻越不行了。因此他必须要知道其他行业的发展，相互借鉴，这种高级科普是给专家看的。这个在美国有个很好的刊物，叫《科学美国人》。我们国家把它翻译出版了，叫《科学》。还有英国的一个刊

---

① 本文系钱学森在庆祝中央人民广播电台科普节目开办 35 周年茶话会上的讲话．原文刊于《现代化》1984 年第 10 期。

物，叫《新科学家》。这样的刊物都属于高级科普，就是给专家看的。我想，我们广播电台大概不是搞这个的。

还有呢，就是给少年儿童看的。要启发他们对于科学技术的兴趣，要开阔他们的思路，认识我们的客观世界，对于客观世界的许多东西感兴趣，这好像是给小学儿童看的，这是一种科普，与刚才说的比较，是初级得多的科普。

那么，比少年儿童科普再往上一点，就稍微有点说理了，这大概是初中水平。这种水平的科普也很重要，是中学教育的补充。

我着重要讲的，就是再比这个中学水平还要高一点，又不是刚才我说的专家看的高级科普，我觉得，现在这一档科普，在我们国家特别重要。因为这是为了让我们广大的干部学用的，而现在我们国家大概有 2000 万干部。我国现在要实现"两个文明"，实现"四化"，要建设中国式的社会主义，我们广大干部对于现代科学技术如果不很清楚的话，同志们可以想象，事情就很不好办了。我们的广大干部对于现代科学技术，也包括社会科学，要有一个概念，对于现在的科学技术的发展有所理解。比如，现在说新技术革命，那新技术革命到底是什么？不要光是一个词，而是新技术革命的内容是什么东西，而且，你这样讲，不光是深入浅出，要把道理讲清楚，而且还要讲一讲这一方面的科学技术与我们社会主义建设有什么关系。想来想去，好像我天天早上听的《科学知识》节目，离这一档科普好像很近，差不多了。如果能够向这一个方向再努力一下，调整一下，变成真正为我们全国的广大的 2000 万干部服务，让他们天天有这么一个 15 分钟的节目听一听，日积月累，慢慢地对于整个现代科学技术就理解了，而且可以不断地更新，那就要起很大的作用，所以我觉得这样一个科普的节目是非常非常重要的，这直接关系到我们贯彻党中央的路线、方针、政策，建设中国式的社会主义国家的大事。

所以，我这一阵子老想这个问题。我到处宣传，而且我希望咱们这个节目，或者还能够跟出版界联合起来，将来还有个文字的刊物，使它既是节目，又是文图并茂的刊物，对象不是孩子们，也不是有广泛兴趣的青少年，而是广大干部。我希望老师们，你们这个节目慢慢地能不能够向这个方向来使劲？不光是一般的科普了，让这个节目变成实现三中全会以来党的路线、方针、政策的一股强大力量。

24 对科普工作的一点思考[①]

我近来同中国科协的同志谈，科学普及工作在今天已有发展，可以分为两大方面：一方面是大面积的科普，另一方面是对广大机关工作的干部的科普。前者又可分为农村及小集镇的"大农业"（即农、林、牧、副、渔、工、商贩、运输）的科普，和为城市的"大工业"（即工业生产、第三产业）的科普。这种大面积科普对提高劳动生产率关系极大，可以大大提高生产技术，让产值翻番。这方面我们不是发明人，我们是从资产阶级那里学来的，但我们要加以发展罢了。现在这项重要工作由省、市、地、县、乡的科协在抓。科技工作者的任务是提供教材。

后一方面对干部的科普，也可以归入干部的继续教育，这也非常重要，"科盲"是当不好干部的。这里也是一个提供教材的工作。科协出版的《现代化》杂志可以进一步充实为面对干部科学教育刊物。我以前称此工作为"中级科普"。

从前我还有一档，叫"高级科普"，即为了科技专家们了解非各自领域的新发展，以开阔思路用的。我现在看，这个名称太泛，没有标明其特性，所以应改为"宏观学术交流"。

这样，经典意义的科普是上面讲的大面积科普，对象在我国有几亿人。派生出来的是对干部的科学教育，对象有千万人。至于宏观学术交流，即不是科普，是一种跨学科、跨行业的学术活动。

以上是我对科普及有关问题的一些思考。

---

① 本文系钱学森给中国科普记协负责同志的一封信，原文刊于《成都晚报》1986 年 8 月 5 日。

25 文学艺术的最高台阶[①]

今天是农历元宵节，国防科工委和炎黄艺术馆在这里举行新春联谊会，科学家和文学艺术家们聚集一堂，举行这样大型的、高层次的联谊活动，在我国尚属首次。我看，这是一个创举，是一件有益于繁荣我国科学技术和文学艺术事业的大好事。我感到由衷的高兴，并祝联谊会成功，祝大家身体健康，节日愉快。

我因年迈体弱，不能亲临联谊会与大家一同共度佳节，但作为一名老科技工作者，我对我国丰富的文学艺术宝库，一直怀着极大的兴趣，并从中汲取有用的教益。在这里，我想把我1982年7月在《系统理论中的科学方法与哲学问题》一文中的一段话，抄录下来，向各位求教，这段话是：

我认为文学艺术里面这个高的台阶，或者说是最高的台阶，是表达哲理的，是陈述世界观的。这样的文学艺术，诗词里面就有嘛！我们唐代的大诗人李白到他生命的最后一年，有一首长诗，叫《下途归石门旧居》。这首长诗实际上就是讲哲理的，讲他的世界观。因为里面有这样的句子："如今了然识所在"。意思是说他这一辈子，在那样一个社会里，有他的社会位置，但他从前没有识破，现在识破了。这是他这个人一辈子认识的最后总结。所以那首长诗的最后一句是："向暮春风杨柳丝"，以此来寄托他的感情，所以是一种哲理。我国宋朝女诗人李清照写的一首诗，叫《夏日绝句》，这首诗总共就四句："生当作人杰，死亦为鬼雄，至今思项羽，不肯过江东。"在这四句中，也有她的人生观，宇宙观。在我们的诗

---

① 原文刊于《文艺研究》1993年第3期。

词中，像这样高级的东西很多。云南昆明大观楼上的长联，下联完全是一种人生观。这个下联说："数千年往事注到心头，把酒凌虚，叹滚滚英雄谁在。想汉习楼船，唐标铁柱，宋挥玉斧，元跨革囊，伟烈丰功，费尽移山心力。尽朱帘画栋，卷不及暮雨朝云，便断碣残碑，都付与苍烟落照。只赢得几杵疏钟，半江渔火，两行秋雁，一枕清霜。"以上这些不是简单的感情抒发，而是表现一种人生观、世界观。拿音乐来说，著名音乐家贝多芬的第九交响乐，就是反映他个人的世界观，讲他对人类社会的希望。还有他的弦乐四重奏第133号作品。这些作品中所反映的就不是一般的音乐。

以上所言，算是我对这个元宵节盛会的寄语，谢谢大家。

26 保护环境的工程技术

——环境系统工程[①]

我从系统工程的概念出发，在几年前建议称保护环境的工程技术为环境系统工程，但一直没有专门讲讲这个问题。不久前，接到中国人与生物圈国家委员会的通知，说在北京自然博物馆展出与联合国教科文组织联合举办的人与生物圈（MAB）展览，于是抓了一个星期日早晨去看。展出的有教科文组织的大约 20 来块图版，上半块图文（英）并茂，下半块汉文翻译。那天有不少中学生在看，并且很用功，在记笔记。但我看联合国教科文组织有点老气横秋，像旧中国时外国传教士的口气，画面大都是讲第三世界在生态环境保护方面的失误，在教训人。而可笑的是：图版讲解中倒有些非马克思主义的错误。不知中学生们记没记进笔记中去！幸而同一展室中有我们自己准备的 4 块图版，内容十分全面正确，看了令人高兴。因此，看了展览回来就想写点关于环境系统工程的东西。

正在这时候，北京市环境保护局科技处的孙吉民同志来信约稿，说《环境保护》编辑部要宣传环境系统工程，所以，我就写了下面这些话。当然这些看法不一定对，说出来是为了请同志们批评指正。

（一）

首先，我认为所谓人与生物圈的概念是不够确切的，它不能把

---

① 原文刊于《环境保护》1983 年第 6 期。

今天人活动的范围全部包括进去，倒是如同中国科学院地理研究所浦汉昕同志指出的，苏联科学家用的地球表层或地理壳更准确。地球表层包括上至大气对流层顶层（在极地上空约 8km，赤道上空约 17km，平均约 10km），下至岩石圈的上部（陆地上约深 5~6km，海洋下平均深 4km），这才是今天我们人在开发利用，并有很大影响的范围。因此，环境的含义，现在应该是地球表层，而不是什么 MAB。

浦汉昕指出，地球表层所包括的非生物、生物和人可以看作是一个巨系统，而且是开放的、有序的巨系统，因而也是诺贝尔奖奖金获得者普里高津(I. Prigogine)所说的远离平衡态的耗散结构，是活的，不是死的，是在发展、演化的，不是静止不变的。为什么说它是开放的而不是封闭的呢？因为地球表层同它以外的地方有物质和能量的交换：从输入到地球表层的方面来说，有太阳辐射，大到 1.73×10^{17} W 的功率；还有潮汐能 3.5×10^{13} W；地壳深处也向地球表层送热岩浆；地球表层也接受来自天上的各种粒子流，如宇宙线，以及电磁波；还有流星、陨石等等。另一方面，地球表层也有输出，最大的一项就是同太阳辐射能大致相等的红外辐射，散发到宇宙空间；还有少量的质轻的气体分子散溢到上层大气，以至空间；在地壳板块边缘处，也会有岩层离开地球表层斜插入深处；现在人们还把人造卫星、飞船送入太空；等等。对地球表层来说，进来的东西不等于出去的东西，在地球表层内部变化了，所以地球表层是开放的。

为什么说地球表层又是有序的呢？第一因为它是在有规律地发展着，或说地球表层是在进化着，从形成地球时的无生命的地球表层到有生物的地球表层，再从有生物的地球表层到今天居住着有高度物质文明和文化的人类的地球表层，已有几亿年的历史了。这一点浦汉昕已经作了说明，我不再在此重复了。我想指出的是地球表层巨系统的有序性还表现在它的多层结构，而多层结构是有序巨系统的特征。有什么层次？从保护环境的角度来说，最基层的一级结构是一个工厂、企业，一个生活区，一片林地，一块农业种植田等，一片渔业水面等。对后面这几种结构，一个非常重要的概念就是生态群落的思想，对此我国生物学和农业工作者已经有很多研究并在实际运用中取得很成功的经验，最近西北林学院的张亮成同志作了总结。对于养鱼池塘的生态群落，广东顺德县杏坛公社逢简大队第七生产队员梁二妹的淡水养鱼丰产经验是惊人的，她在 1982 年，亩水面年产鱼 1139kg! 这都是学问。

地球表面层结构的再上一个层次就是一个地区的环境。地区的划分不能是按行政区域，不能是什么市、市管县，而应该根据实际情况，相互影响的关系，也就是相对独立性来定。例如长江三角洲是一个地区单位，我们国家大约有几十个这一级的结构。

更上一级层次就是国家层次，最后当然是世界层次。所以从基层单位算起，一共有四个地球表层的结构层次。在分层次中，我们以人的活动为主，自然条件为辅来划分，其原因就是因为人在今天是主宰地球表层的，是地球表层最活跃的因素。这也就说明我们认识地球表层的内在关系，它的运动变化规律是多么重要了。不认识会导致策略错误：办蠢事，以致使地球表层的演化不是向进化发展而是向退化发展。为了引起重视，我建议称这一门学问为地球表层学，是一门跨地理学、地质学、气象学、工农业生产技术、技术经济学和国土经济学的新学科。因为我们在研究一种巨系统，是有层次的有序结构，所以需要系统科学的基础科学——系统学的帮助。我们要创立地球表层学，从而深刻认识巨系统的运动规律，并且找出使环境改善和进化的理论根据。

（二）

现在也就清楚了：我们讲地球表层巨系统，提出要创立地球表层学的目的是因为地球表层的一切变化将影响我们的环境，为了搞好环境保护的工作，有必要深入研究它，以建立必要的理论基础。而且既然已经肯定地球表层是个巨系统，那么管理这个巨系统的技术也就肯定是一门系统工程——环境系统工程。所以地球表层学是环境系统工程的理论学科，而环境系统工程又是应用地球表层学来保护和改造我们的环境的工程技术。

既然保护和改造环境是一门系统工程，那么环境系统工程也还要依靠系统工程的一般方法理论学科，如运筹学，以及电子计算机技术和控制论等。环境系统工程也要运用国土经济学的成果。

下面我来讲讲有关环境系统工程的轮廓性的意见。

根据地球表层巨系统的概念，在环境系统工程中也要明确分级解决：第一级是有关地球表层巨系统的第一个层次的，即工、农业生产和人民生活的基层单元的；第二级是有关第二个层次的，即区域性的；第三级是有关第三个层次，即全国家的；第四级是有关第四个层次的，即全世界的。每一级的环境系统工程的工作任务都不尽相同，管理的方针也因此要有区别。

从国家行政角度来讲，第一级的环境系统工程主要是制定法令、规定，要求各基层单位严格遵守，不得污染环境。另外就是监视的取样测量工作。当然标准要适度，要逐步随技术的改进而提高要求。这就要求引用效益分析的科学方法，比较各种监测标准的经济效果，权衡利弊。另一方面，我们也要做宣传工作以提高人们对保护环境的重要性的认识。以前我们对此做得很不够，对利用废水、废气、废渣的意义总是从防治祸害来看，而不从积极意义来看，比如废物实际上是人造的资源，而且是送上门来的资源，不用去开矿，不用去远道运输，就在手头！我们还要指出所谓废弃物的利用，不但工业是如此，农业也应如此，也要努力发展。这一级的环境系统工程工作是基础，基础打好了，在上面几级的工作才能进行，比如酸雨问题就是如此。充分利用废物，变废为利，应该是社会主义制度的优越性表现之一。经济学家许涤新同志对此已讲得很清楚了。

更上一级到第二级的环境系统工程是以一个地区为单位的。这里第一位的环境改造工作是植树造林，进行绿化，包括培养花草，现在国家十分重视这项工作，发出了绿化祖国的号召。我想有关的环境工作还有恢复露天开矿所破坏的地表，改造矿渣堆置的地面等，使他们重新成为生机勃勃的地方。这个问题在工业发展较早的国家已成为公害之一，美国每年增加这种人造荒原 500km^2，现已累积达 15000km^2。我们从现在起就要注意，从一开始就避免这种破坏，随时恢复。更积极的环境系统工程工作是控制气象，如在我国东南部沿海地区，改变台风运动的方向，不叫它登陆，做到有台风降雨之利而无台风破坏之害。再进一步搞人工降雨也有可能，这原是 20 世纪 50 年代就开始了的气象技术，后来在资本主义国家又衰退下去，无人问津了，原因是降雨区控制不准，一家投资，雨下到别人那里了，不能得利。这个问题在我们社会主义国家是可以解决的。

再上一级的环境系统工程是全国性的、跨地区的了。我国现在正在营造北部林带以防止沙漠化，就是这类措施。今年开工的东线南水北调工程也是这类措施。随着社会主义建设的进程，这一级的环境系统工程措施会因国家力量的增长而多起来。但国家一级环境系统工程还要考虑另外一个方面的问题，这些问题解决得好，又能反馈到下面几个层次的环境保护和改造。例如，国家的能源政策，要解决烧煤带来的麻烦而改造燃料煤，要大力发展沼气解决农村能源和城市污水处理问题，要充分利用水力和风能等清洁能源等等，这都将为第一级、第二级的环境系统工程创造条件。其实建筑形式也对环境有影响，能够节能的建筑，冬季保温，夏季凉爽，也能有助于保护环境，减少污染。中国建筑学会副理事长、兰州市副市长任震英同志提倡黄土高原的窑洞是有道理的，国外不是在搞地下建筑吗？窑洞是几乎在地下的建筑，加上现代技术完全可以成为现代化的住房和工作用房。联系到环境保护，国家现在就要研究由核能利用后产生的核废料的处置问题，这是一个世界各国都没有很好解决的问题，核能要大发展，我们要赶快研究，提出全面的方案。

最后一级环境系统工程是关系到全世界的环境保护和改造。特别是今后长期的演化，是恶性的，还是良性的？大气中的二氧化碳浓度真的在不断增加吗？真有所谓温室效应而气温上升吗？但全球环境系统工程是一项国际协作的工程，联合国教科文组织的人与生物圈委员会是不大能有什么作为的，因为解决国际事务问题远比说教要困难得多。

前面讲的四级环境系统工程又是一个整体，因为环境就是地球表层这一统一的巨系统，是互相关联的。这是环境系统工程的一个特点。当然我在这里讲的也不一定都全了，会有遗漏，例如非常重要的天气预报、地震预报就没有列入环境系统工程，而气象与地震都是影响环境的重要因素。

书 信 篇

1 关于建筑文化^①（1987 年 5 月 4 日）

顾孟潮同志:

4 月 30 日信及大作"新时期中国建筑文化的特征"^② 都收到，十分感谢，文章我将仔细学习！

以前答应"以后写"，想无时限。我现在还是写不出东西，请宽限时间吧。

此致
敬礼！

钱学森

1987 年 5 月 4 日

---

① 此信系对顾孟潮 1987 年 4 月 30 日信的答复。顾孟潮寄去"新时期中国建筑文化的特征"一文，同时请钱学森写点意见。信中回忆 1986 年为组织《建筑·社会·文化》征文事访问钱学森时，便曾请他写点文章，他曾同意"以后写"。

② "新时期中国建筑文化的特征"一文载《世界建筑》1987 年第 2 期。

2 关于"中国 80 年代建筑艺术优秀作品"评选（1989 年 6 月 2 日）

"中国 80 年代建筑艺术优秀作品"评选组织委员会：

5 月寄来邀请信及材料都收到。

我不是搞建筑的人，所以不能参加评选工作。恳请谅解！

材料全部奉还。

此致

敬礼！

钱学森

1989 年 6 月 2 日

3 关于山水城市[①]（1992 年 10 月 2 日）

顾孟潮同志：

您赠的《奔向 21 世纪的中国城市——城市科学纵横谈》[②] 已收到，十分感谢！9 月 24 日信也收到。

现在我看到，北京市兴起的一座座长方形高楼，外表如积木块，进去到房间则外望一片灰黄，见不到绿色，连一点点蓝天也淡淡无光。难道这是中国 21 世纪的城市吗？

所以我很赞成吴良镛教授提出的建议："我国规划师、建筑师要学习哲学、唯物论、辩证法，要研究科学的方法论。"（书 166 页）也就是要站得高看得远，总览历史文化。这样才能独立思考，不赶时髦。对中国城市，我曾向吴教授建议：要发扬中国园林建筑，特别是皇帝的大规模园林，如颐和园、承德避暑山庄等，把整个城市建成为一座超大型园林。我称之为"山水城市"。人造的山水！当时吴教授表示感兴趣的。

我看书中也有好几篇文章似有此意。所以中国建筑学会[③]何不以此为题，开个"山水城市讨论会"？[④]

---

① 此信系对顾孟潮 1992 年 9 月 24 日信的复信。顾孟潮随信寄去《奔向 21 世纪的中国城市——城市科学纵横谈》一书。

② 《奔向 21 世纪的中国城市——城市科学纵横谈》，陈为邦、张希升、顾孟潮主编，山西经济出版社，1992 年 8 月出版。

③ 中国建筑学会是全国建筑科学技术工作者的学术性群众团体，为中国科学技术协会的组成部分。业务主管部门为中华人民共和国建设部。1953 年创立。

④ 根据钱学森提议，山水城市讨论会于 1993 年 2 月 27 日在北京召开。主办单位为中国城市科学研究会、中国城市规划学会、中国建筑文化艺术协会环境艺术委员会。

以上请教。

此致

敬礼！

钱学森

1992 年 10 月 2 日

4 关于能否去参加"山水城市讨论会" 还难定（1993年2月7日）

顾孟潮同志：

2月3日信①及附件都收到，谢谢！

我现在身体比较弱，2月下旬的"山水城市讨论会"能否去参加还难定。到时再说吧，我能说的也都说过了，您们也复制并发给大家，请大家讨论就可以了。

此致

敬礼！

钱学森

1993年2月7日

---

① 顾孟潮在给钱学森的信中报告了"山水城市座谈会"的筹备情况，并提出大家希望他能到会并作指示。

5 关于祝"山水城市讨论会"成功（1993年2月11日）

顾孟潮同志：

　　我现在身体还比较弱，本月下旬的"山水城市讨论会"我不能去出席了。所以只能按通知准备了一个 1000 多字的稿子①，现送上 20 份备用。祝会议成功！

　　此致

敬礼！

钱学森

1993 年 2 月 11 日

----

　　① 系指钱学森"社会主义中国应该建山水城市"一文，是为"山水城市讨论会"准备的书面发言。

6 关于寄交深圳材料（1993 年 2 月 18 日）

顾孟潮同志：

奉上一份深圳寄来的材料①，供参阅。

此致

敬礼！

钱学森

1993 年 2 月 18 日

---

① 系指综合开发研究院(中国·深圳)1993 年 2 月 14 日给钱学森寄去的一份研究城市建设的未来发展的报告。报告题目为《追求经济和文化的双向复兴——兼论筹建深圳"中国文化城"的意义》，作者为徐新得、赵海鸣、唐志建、龙隆。

7 关于贝聿铭[①]（1993 年 8 月 6 日）

顾孟潮同志：

我近读王天锡[②]著《贝聿铭》[③]及连日来《参考消息》上的"科学与艺术的凝炼——华裔世界建筑大师贝聿铭成功之路"，心里真不知多么高兴，中国人里出了这样一位人才！但又看到贝先生从祖国接受的荣誉只是在 1984 年上海同济大学授予的建筑学名誉教授而已。太不相称了！

我认为中华人民共和国对这样一位华人应该授予国家最高荣誉（如同"国家杰出贡献科学家"），以鼓励后学，并团结港台同胞及海外侨胞。要为中华民族增添光彩呵！

此事可否由中国建筑学会[④]推动？请酌。

此致

敬礼！

钱学森

1993 年 8 月 6 日

---

① 贝聿铭，著名华裔美国建筑师，1917 年 4 月 26 日生于中国广州，1935 年赴美留学。1940 年毕业于马萨诸塞理工学院获建筑学士学位，1954 年加入美国国籍。

② 王天锡，著名中国建筑师，1940 年 10 月生，1963 年毕业于清华大学建筑系，1980 年始在贝聿铭事务所学习两年余。

③ 《贝聿铭》，王天锡著，中国建筑工业出版社，1990 年 8 月。

④ 根据钱学森倡议，中国建筑学会已授予贝聿铭中国建筑学会金质奖。

8　关于要重视建筑与人的心身状态^①
（1994 年 2 月 20 日）

顾孟潮同志：

　　我收到您于元月 24 日寄来的巨著《世界建设科技发展水平与趋势》^②，非常感谢！

　　此书共 1029 页，编撰人员有 75 人，您和叶耀先^③同志、米祥友^④同志为主编，真洋洋大观！够我长时间学习的了。

　　此书内容极为丰富，就连核能发电还有专论。但我翻阅后也感到还有一个极为重要的建设科技问题似未得到重视，即建设环境与人的心身状态。现在国外不是已有所谓"高楼病"吗？在我国，许多住在高层建筑的人家不也诉苦，望出去一片灰黄吗？所以的确有个建筑与心态的课题要研究。我倡议"山水城市"也是想纠正此偏差。此意未知当否？请参考。

　　得此价为 98 元的伟作，我再次表示感谢！

　　此致

敬礼！

钱学森

1994 年 2 月 20 日

---

　　①　此信系对顾孟潮 1994 年 1 月 24 日信的答复。顾孟潮随信寄去《世界建设科技发展水平与趋势——城市・建筑・土木・高技术》一书。

　　②　《世界建设科技发展水平与趋势——城市・建筑・土木・高技术》，中国科学技术出版社，1993 年 8 月。

　　③　叶耀先，时任中国建筑技术发展研究中心主任、高级工程师。

　　④　米祥友，时任中国土木工程学会办公室副主任、学会咨询中心副主任、工程师。

9 关于现代科学技术体系^①
（1994年3月1日）

顾孟潮同志：

我很感谢您2月27日晨写来的信及附件"个人业务自传"，您使我学到了许多东西！

新中国成立后一切学老大哥，一切都是计划经济，体制也如此。建筑科学研究院属国家建设部门，自然只重工程，对建筑工程的上层学问就一概顾不得了！尤其是建筑这门学问是横跨自然科学、社会科学与艺术的，老一套体制是无法办好的。幸而现在党中央在邓小平建设有中国特色的社会主义思想指导下，破旧立新，建筑科学将大有可为了！我看气氛已经在变，近见《建筑师》杂志1993年54期就刊载了"建筑与文学"学术研讨会的论文，55期刊有"建筑与心理学"学术研讨会的论文。

您在信中谈了信息体系，很好。我在这几年也一直宣传现代科学技术的体系，与您不谋而合！我的想法见附上钱学敏同志文^②，请指教。

此致

敬礼！

钱学森

1994年3月1日

---

① 此信系对顾孟潮1994年2月27日信的答复。

② 系指钱学敏"科技革命和社会革命——学习钱学森有关思想的心得"一文。

10 关于对"科技革命与社会革命" 一文编者按^①（1994 年 3 月 23 日）

钱学森在顾孟潮寄给他的"科技革命与社会革命"编者按语稿前面用红笔写：

寄给顾孟潮同志。

钱学森

1994 年 3 月 23 日

---

① 此信系对顾孟潮 1994 年 3 月 20 日信的答复。

钱学森在编者按语中用红笔加上了一句话："但现代城市本身就是一个开放的复杂巨系统"，接下去是原稿："实质上，此文是钱先生建立城市学、建设山水城市构想的总的思路背景，极为重要，特载于此。"

11 关于《建筑师学术、职业、信息手册》
（1994年4月21日）

顾孟潮同志:

您送来的《建筑师学术、职业、信息手册》① 已收到，我十分感谢!

此手册第1章至第3章均为讲建筑与人的，其中人心影响也讲了②。我将好好学习。

此致

敬礼!

钱学森

1994年4月21日

---

① 《建筑师学术、职业、信息手册》，中国建筑学会编，河南科学技术出版社，1993年10月。顾孟潮为该书责任主编之一。

② 顾孟潮将此书寄给钱学森，是因为钱学森在1994年2月20日给他的信中提出"要重视建筑与人的心身状态问题"。而"手册"中第1章有人类工程学、建筑卫生学、建筑心理学章节，第3章有社会学、行为科学、民俗学、社会效益评价等内容。

12 关于对顾孟潮来信的批语^① （1994年5月6日）

顾孟潮同志：

    同意译词。英译不用"the eminent scientist"，只用"our"，更亲切些，也更合国外习惯。

    此致
敬礼!

钱学森

1994年5月6日

---

    ① 此信是对顾孟潮1994年4月27日信的答复。顾孟潮的信报告了负责此书译英稿的老专家顾启源先生探讨关于"城市学"词的译法等事项。

13　关于建筑文化（1994年6月8日）

顾孟潮同志：

　　我近读《建筑学报》①1994年5期中尊作"后新时期中国建筑文化的特征"，想到几个问题，故写此信向您报告。

　　1. 您把我国改革开放起步阶段的建筑称为新时期的中国建筑文化，而从1989年以后的建筑划为后新时期的中国建筑。这是强调了这两段时间的我国建筑界解放思想，实事求是，开创了我国建筑文化的历史新时期，我认为这很有意义。

　　2. 另外，我也想，从1978年到现在我国建筑界真的找到了我国要走的中国新时期建筑文化的道路了吗？我看似乎还在求索之中，您的上述论文也显示了这一点。在同刊8页上记贝聿铭先生获奖的文章中，就说他在回答学生关于中国未来建筑道路时指出："应走中国的路，与欧美不同。如高层建筑要到美国去看，而基本的东西要看中国的习惯、生活。"这是完全正确的。贝先生的香山饭店不就具有中国风味吗？（所以我不同意史建②同志在《文艺研究》③1994年1期"后现代建筑及其对中国的影响"一文中，竟把香山饭店归入后现代建筑！）

　　3. 什么是新时期中国建筑应有的特征？上引《文艺研究》文107

---

　　① 《建筑学报》，1954年创刊，中国建筑学会主办的建筑科技学术期刊，现为月刊，国内外发行。

　　② 史建，时任天津社会科学院出版社副社长。

　　③ 《文艺研究》，中国艺术研究院主办的学术期刊，双月刊。

页上就说香港建筑师李允鉌①认为中国建筑精神(即《华夏意匠》)表现在群体之中,没有群体,中国建筑将失去异彩。我很同意,我的"山水城市"就有此意。

4. 但看来我国建筑界对中国该走什么样的自己的路尚在探讨中。您把"山水城市"作为后新时期中国建筑文化现象的第一条,我认为过早了,大家认可了吗?

5. 总之,什么是新中国的建筑精神,尚待探讨,最后才能明确。请读附上复制件②(《新华文摘》第 1994 年 5 期),那才是中国味呵。

以上所述,不知是否得当?请指教。

中国建筑文化的新的辉煌时代恐怕要等到 21 世纪 20 年代后才会到来!

此致

敬礼!

钱学森
1994 年 6 月 8 日

---

① 《华夏意匠》,李允鉌著,香港广角镜出版社,1982 年初版,1984 年再版,中国建筑工业出版社 1985 年重印。

② 复制件(《新华文摘》1994 年第 5 期)指一些著名作家关于北京的胡同的论述摘录。

14 关于信息革命（1994年6月14日）

顾孟潮同志：

您来信贺我当选为中国工程院院士，对此我表示感谢！您也许注意到，我是现在中国工程院院士中最老的。院章中本来规定凡年过80岁的改为名誉院士，以让出名额给更年轻的人，现因是首届，暂缓执行而已。

您信中所附尊作"信息化的误区与对策"充分表示了您对"信息革命"的关心和重视。其实"信息革命"，即我们所谓第五次产业革命，实是全球范围的。奉上一复制件，是中国工程院院士、计算机科学技术专家汪成为给我的信①，从中可见一斑。供参阅。

此致

敬礼！

钱学森

1994年6月14日

---

① 系指汪成为院士参加国际会议后向钱学森汇报会议情况的材料。

15 关于建筑哲学（1994 年 11 月 4 日）

顾孟潮高级建筑师：

您 11 月 1 日来信及尊作"关于城镇规划与建设优化的思考"①都收到。您的文章是一篇高层次的作品，实是讲建筑哲学。我们高等院校的建筑专业有这门建筑哲学课吗？

那本由您和鲍世行同志主编的书，我想要 10 本，书费 115.5 元就从稿酬中扣吧。麻烦您了！

此致
敬礼！

钱学森

1994 年 11 月 4 日

---

① "关于城镇规划与建设优化的思考"刊于《基建优化》1994 年第 3 期。

16 关于给《城市学与山水城市》一书有关人员签名留念（1994 年 11 月 21 日）

顾孟潮同志：

您 11 月 17 日晚来信已收到。稿费也汇到，敬告；并致谢意！

《城市学与山水城市》的封面版式设计者赵子宽同志、责任编辑吴小亚同志、英译者顾启源同志要我签名留念，我当然应该从命。请您把书送到国防科工委吧。

此致

敬礼！

钱学森

1994 年 11 月 21 日

17 关于 "The Sensual City"
（1994 年 11 月 23 日）

顾孟潮同志：

奉上在英刊 "New Scientist"[①] 今年 10 月 15 日期 33～36 页 Ivan Amato 写的 "The Sensual City"[②] 文复制件，供参阅。他是说 21 世纪、22 世纪建筑因新材料及新信息技术带来的革命性变化。我国的建筑师们不也应该利用这一机遇创造不背离数千年传统而又远胜过传统的新时代中国建筑吗？（此文中说到的 George Housner 是我在加州理工学院的同事，抗震专家，曾于 70 年代末来我国访问。）请考虑。

此致
敬礼！

钱学森

1994 年 11 月 23 日

---

① "New Scientist"，英国著名科学期刊，月刊，译名《新科学家》。
② "The Sensual City"，译作《有知觉的城市》。

18 关于新建筑一定是充分利用高新技术的（1995年2月24日）

顾孟潮同志：

春节刚过，今天又是立春，"万象更新"了！

要更新，不能保守。21世纪即将来临，我们在建筑上也要有准备。如下个世纪的建筑会是什么样的？奉上复制件①给我们启发：新建筑一定是充分利用高新技术的。

这一观点，我国建筑界似讨论得不够。您能促进大家更多重视高新技术的应用吗？请酌。

此致

敬礼！

钱学森

1995年2月4日

---

① 系指介绍瑞典利用太阳能的节能建筑的文章。

19 关于山水城市与现代科学技术（1995 年 5 月 1 日）

顾孟潮同志：

今天是五一国际劳动节，我谨向您致以节日的祝贺！我也非常感谢您 4 月 24 日来信[①]及寄来 1995 年第 4 期《建筑学报》；我也高兴地看到"有知觉的城市"[②] 一文能够与我国读者见面，介绍了高新技术在建筑中的应用。

武汉高介华同志来信说，他不大同意生态城市的提法，他更倾向于用"山水城市"，因为后者更有中国文化的味道。我想讲要有中国文化，并不排除在建筑和城市建设中充分应用现代科学技术；相反，我们应将二者融为一体，构筑 21 世纪的"山水城市"！此意不知当否？请教。

此致
敬礼！

钱学森

1995 年 5 月 1 日

---

① 顾孟潮随信寄去刊有"有知觉的城市"一文的《建筑学报》1995 年第 4 期，并祝贺《钱学森论地理科学》一书问世。

② "有知觉的城市"原刊"New Scientist"，15，October 1994，译文刊于《建筑学报》1995 年第 4 期，作者为［美］伊凡·阿马托，译者为顾仲梅。

20 关于基础研究重要
（1995 年 5 月 25 日）

顾孟潮同志：

您 5 月 23 日信奉悉。

我听说明天就要开的科技大会重在贯彻已公布的中央文件，不准备让大家争论一时还不能明确的问题。这也是中央深思之后定的。

例如您信中提的"社会科学是不是第一生产力？"据说我国社科界只有极少数人说是，如中国人民大学哲学系的黄顺基教授；而绝大多数社科界同仁以为社会科学是上层建筑，不属生产力，如中国社会科学院胡绳院长。

又如您信中说基础研究重要，我当然同意。但现在我国科技界是群龙无首，天天争经费，又各干各的，不能合作。所以也就难找定重点了。

因为大家认识还统一不起来，所以也就放不开了，怕乱！

以上是我道听途说，也拿不准，仅供参考。

此致

敬礼！

钱学森

1995 年 5 月 25 日

又：附上理论物理学家、中国科学院院士何祚庥在《真理的追求》1995 年第 5 期文的复制件，供参阅。

21　关于美感和建筑美（1995 年 7 月 4 日）

顾孟潮同志：

　　您 6 月 30 日来信①及尊作"建筑美学四题"② 均收到，对此我十分感谢！

　　美感是主观的，不同文化的人有不同美感。我记得从前鲁迅先生就说过：老太爷认为美的，长工们就不认为美。所以建筑美是讲对什么人的美？您以为如何？

　　此致

敬礼！

钱学森

1995 年 7 月 4 日

---

①　系指 1995 年 6 月 30 日顾孟潮给钱学森的信。

②　顾孟潮"建筑美学四题"一文刊于《世界建筑》1995 年第 1 期。

22 关于垂直绿化（1995年7月5日）

顾孟潮同志：

奉上一剪报复制件①供参阅。

这一发展是大有利于搞山水城市的，希望我国建筑师们能利用它。

此致

敬礼！

钱学森

1995年7月5日

---

① 系指刊于1995年7月4日《科技日报》第7版的报道"大都市盼望垂直绿化"一文。

23　关于建筑师应利用灵境技术（1995年7月9日）

顾孟潮同志：

　　奉上英刊 New Scientist 1995 年 6 月 10 日 34～37 页文的复制件，供参阅。这是讲利用电子计算机创作的灵境技术（virtual reality）[①]可以帮助人设计建筑，我想这是电子计算机辅助人的形象思维，建筑师应利用这一新技术。请酌。

　　此致
敬礼！

钱学森

1995 年 7 月 9 日

[①]　灵境技术（Virtual reality）也有译作"虚拟技术"。

24 关于要用哲学来开拓视野
（1995 年 10 月 26 日）

顾孟潮同志：

您 10 月 24 日来信及尊作"关于《中国建筑艺术史》的思考"①都收到。您这篇文章是我学习的好资料，我想其中也一定有您将去东南大学讲授"建筑哲学"的内容，史与哲是紧密相关的！在今天的中国讲"建筑哲学"意义重大，它与我们提倡"山水城市"有关；我们要用哲学来开拓我们的视野，把一个城市作为一座整体建筑来考虑。此意您以为如何？请教。

再版《城市学与山水城市》②确实令我高兴。但我近年没有再写有关文章，写的都是与您、鲍世行同志和高介华同志的信件；这些你们都有，请您和鲍世行同志看看是否可以录用。我近日去信高介华同志讲到生态城市思想与山水城市的关系，并讲到山水城市要有意境美。此信已复制送鲍世行同志。

最后，再祝贺您开讲"建筑哲学"！

此致

敬礼！

钱学森

1995 年 10 月 26 日

---

① "关于《中国建筑艺术史》的思考"一文，刊于中国艺术研究院《科研动态》的《中国建筑艺术史》统稿会专辑。

② 《杰出科学家钱学森论：城市学与山水城市》（增补版），1996 年 5 月中国建筑工业出版社出版，鲍世行、顾孟潮主编。

25 关于"山水城市"提出时间[①]（1995 年 11 月 19 日）

顾孟潮同志：

昨接您 11 月 14 日晚的来信，读后对您和鲍世行同志关心"山水城市"的事，很感动！

关于 1987 年 6 月的事，我也记不清了，既无文字记录，就算了吧。给吴良镛教授信是文字记录，可靠。其实一个人的思想总有个形成过程，绝非一朝一夕事。所以您也不必为此而感到有所失！

此致

敬礼！

钱学森

1995 年 11 月 19 日

---

① 此信系对顾孟潮 1995 年 11 月 14 日去信的答复。顾孟潮的信回忆 1987 年 6 月，在钱学森接见他和陈恂清、王化君三人时，曾讲到日本提倡园林城市，当时钱学森已有"山水城市"的说法，但因未作文字记录，故向钱学森询问可曾记得此事？

26 关于《城市学与山水城市》增补版目录（1995 年 11 月 20 日）

顾孟潮同志：

您 11 月 16 日的信及增补版内容目录收到。

我在目录上圈了几条红笔线，是为了(1)不要涉及杭州市的什么"钱学森旧居"，不为它作宣传；(2)也不说杭州具备"山水城市"条件，免得引起争议[①]。

另外，我的那些信件，本是同志间的书信，现将公开发表，文字上还应郑重[②]，这就要麻烦您和鲍世行同志二位编辑了。拜恳，拜恳！

此致
敬礼！

钱学森
1995 年 11 月 20 日

---

① 为了尊重钱学森这两条意见，在编辑《城市学与山水城市》一书时，把与杭州"钱学森旧居"和说杭州具备"山水城市"条件的相关材料删除。

② 根据钱学森"公开发表，文字上还应郑重"的意见，在编辑钱学森的来往书信时，编者在文字上都作了郑重的核定。

27 关于孙霁岷来函及附件
（1996年2月27日）

顾孟潮同志：

我近日接到湖南省文学艺术界联合会孙霁岷①同志来信及附件，现转呈请您酌处②。这是因为我不了解建筑艺术界的情况，说不清是非，只有麻烦您了。请恕！

此致

敬礼！

钱学森

1996年2月27日

---

① 孙霁岷，湖南省文学艺术界联合会成员。

② 根据钱学森来信意见，顾孟潮于1996年2月29日复函孙霁岷。

28 关于《建筑与哲学观》一书
（1996年5月7日）

顾孟潮同志：

您4月29日信和叶树源①教授的书（《建筑与哲学观》）都收到。我非常高兴地知道您在东南大学的讲课很成功！

遵嘱写了封致叶树源教授的信，现附呈请审阅。如您认为可以，就请您转寄叶教授。麻烦您了。

此致

敬礼！

钱学森

1996年5月7日

---

① 叶树源，1914年生于福州，毕业于中央大学建筑系，教授，1997年在台湾逝世。

29　关于真正的建筑学[①]
（1996 年 5 月 7 日）

叶树源教授：

我非常感谢您赐尊著《建筑与哲学观》，我读后深受启示！我只是建筑科学技术的外行人，现在下面讲点读后所思，向您请教：

1. 我想尊作实际是阐明了建筑是什么，建筑与人的关系，对建筑空间所应具备的效果也界定了。因此与其讲这是建筑的哲学观，不如说此书是讲建筑科学技术的基础理论，真正的建筑学。

按我对现代科学技术体系的理解，这是基础理论层次的学问。

2. 在基础理论层次下面的一个层次是技术性的科学，即工程技术所需要的直接指导性学问。在建筑科学技术部门，这就是现在人们称为"建筑学"的学问，以及城市科学等。

3. 在建筑科学技术部门再下一个层次的、第三层次的学问，那就是设计构造具体的建筑了，即建筑设计。

4. 在建筑科学技术部门，除了这三个层次的学问外，还应该有个总的概括：对建筑用什么指导思想，唯心主义？唯物主义？辩证唯物主义？历史唯心主义？历史唯物主义？这门学问才是真正的建筑哲学。

此致

敬礼！

钱学森

1996 年 5 月 7 日

---

① 此信系对叶树源教授生前愿望的答复。信中钱学森提出"什么才是真正的建筑哲学"，认为建筑哲学是对三个层次的总概括，是建筑的指导思想。

30　关于"哲学·建筑·民主"一文的修改意见（1996 年 6 月 14 日）

顾孟潮同志：

您 6 月 11 日晚来信①及两幅照片都收到，我十分感谢！

6 月 4 日下午的聚谈是我这个外行向诸位学习的机会，我作为一个学生向您几位老师请教。那个记录也要表示出这个实况，所以我对原稿作了些调整②，现寄上一份，另外也寄鲍世行同志一份。至于这个不成熟的东西能否打印发给与会代表，请您与鲍世行同志商量。注意这是试探，不是结论③。

此致

敬礼！

钱学森

1996 年 6 月 14 日

---

① 顾孟潮的信寄去他和鲍世行根据 6 月 4 日钱学森讲话录音整理稿，请他审定。

② "对原稿作了些调整"，实为对整理稿的认真审改，约 3000 字的文章审改达 245 处。

③ 信中强调"注意这是试探，不是结论"，这是钱学森一贯的学术民主作风。

31 关于建立"建筑科学"大部门^①
（1996 年 6 月 23 日）

顾孟潮同志：

您 6 月 14 日信及您在东南大学讲过的建筑科学体系图早已收到，因您和鲍世行同志都要参加长沙的会和北京的再版座谈会，所以没有立即复信。现在这两个会都开完了，我才写此信，也要谢谢您送来的照片！

关于现代科学技术体系^②中再加一个新的大部门，第 11 个大部门——建筑科学，6 月 4 日我们谈得很好，但当时我还不知道您的"规划设计、建筑哲学、科学技术、艺术综合系统结构示意图"^③，原来您早已在两月前就想到这一问题了，我佩服您的预见！

我一直强调马克思主义哲学——辩证唯物主义的指导意义，所以在建筑科学概括为建筑哲学之上还有马克思主义哲学。也就是说：建筑哲学是建筑科学到马克思主义哲学的桥梁。

再就是：在我们现在这 11 个大部门的体系中有许多跨部门的学问。您的"示意图"中的灾害社会学属地理科学大部门，而人际关系学属行为科学大部门。

---

① 此信系对 1996 年 6 月 13 日顾孟潮的信的答复。随信寄去鲍世行、顾孟潮二人整理的钱学森 1996 年 6 月 4 日讲话稿，请他审定。

② 现代科学技术体系，指钱学森在 20 世纪 80 年代初构想，以后又不断补充绘制的现代科学技术体系图。1996 年 6 月 4 日讲话后补充为 11 大部门。

③ "规划设计、建筑哲学、科学技术、艺术综合系统结构示意图"，是顾孟潮于 1996 年 4 月 3 日为开设建筑哲学课而准备的。

以上这两点还请您和鲍世行同志讨论，我只是从整个体系看问题，而您二位才是内行人，比我更有发言权。

此致

敬礼！

钱学森

1996 年 6 月 23 日

32 关于"建筑科学"大部门的一个重要课题（1996年7月14日）

顾孟潮同志：

前些日子我得鲍世行同志来信①，知道你们6月20日的会②开得很成功。对此我也和大家一样感到高兴！我也要感谢您和鲍世行同志的辛勤劳动！

我近读《人民长江》1996年6月期36～38页梁渏莉、王家鸿文"大坝景观设计问题浅析"，感到这属"建筑科学"大部门的一个重要课题，故将该文复制奉上，请阅。请考虑此事该不该引起建筑界的重视，并在建设中的三峡工程中体现出来。毛主席"水调歌头·游泳"有"高峡出平湖。神女应无恙，当惊世界殊。"

此致
敬礼！

钱学森

1996年7月14日

---

① 系指1996年7月5日鲍世行给钱学森的信。

② 6月20日的会指《城市科学与山水城市》再版发行座谈会。

33 关于要迅速建立"建筑科学" 大部门（1996年7月21日）

顾孟潮同志：

您7月11日来信及《中国建设报》1996年6月25日1版复制件①都收到。您在《新建筑》1996年2期的文章②我还要仔细学习，如有所得，定向您报告。

我近读《经济参考报》7月17日、7月18日都有我们关心的文章，现复制送呈供参阅。我想两篇文章讲的问题都指向如何大大提高我们对现代人居及城市的认识，而目前我们还只是纷纷议论，没有明确而又联系今日客观实际（包括城市学界的专家们）的理论体系。对此，只宣传"山水城市"是不够的，要迅速建立"建筑科学"这一现代科学技术大部门，并以马克思主义哲学为指导，以求达到豁然开朗的境地。我想这是社会主义中国建筑界、城市科学界同志的不可推卸责任。请考虑。

同一内容的信我也写给鲍世行同志了。

此致

敬礼！

钱学森

1996年7月21日

---

① 《中国建设报》1996年6月25日1版复制件，系指该报有关6月20日《城市学与山水城市》再版发行座谈会的报道。

② 《新建筑》1996年第2期的顾孟潮文章为"建筑哲学概论（导论篇）"。

34　关于修改顾孟潮文章
（1996 年 8 月 4 日）

顾孟潮同志：

您 7 月 31 日来信及剪报复制件都收到，谢谢了！

您为《北京日报》写的文章很好，我只在个别地方作了点修改，现附回稿件，供您考虑。

此致

敬礼！

钱学森

1996 年 8 月 4 日

35 关于建筑科学基础理论的学问
（1996 年 9 月 26 日）

顾孟潮同志：

您 9 月 11 日下午来信及剪报等都收到。

对建筑科学这一现代科学体系中的一个大部门，其基础理论层次的学问，可以是多门学问，不必限于一门学问，例如在自然科学这另一个大部门，其基础理论层次就有物理学、化学、生物学……。所以在建筑科学这一大部门，其基础理论层次，也可以有多门学问；广义建筑学当然可以是其中之一，此意请酌。

此致

敬礼！

钱学森

1996 年 9 月 26 日

36 关于学术讨论中民主与集中问题（1997 年 1 月 21 日）

顾孟潮同志：

您去年年终来信①及"迈出第一步"② 都收到。我对您开研究生课，讲建筑哲学并鼓励学生提出自己的意见，并取得成功，表示祝贺！

读了瑶丛蕾同志文之后，也感到一个问题，即：学生说了自己的看法后，您这位老师有没有再作个总结或小结？说明什么解决了，什么还没有解决，留待今后大家努力。民主讨论之后不能没有个集中，是"集中领导下的民主，民主基础上的集中"嘛。此意请酌。

此致
敬礼！

并祝
您在新的一年里取得成就！

钱学森

1997 年 1 月 2 日

---

① 指顾孟潮 1996 年 12 月 29 日的信。
② "迈出第一步"一文作者"瑶丛蕾"系三位选修建筑哲学课的研究生袁子瑶、贺从容、方蕾。

37 关于"试论钱学森的科学观与方法论"
一文（1997年1月9日）

顾孟潮同志：

您1月6日的信及附件都收到。您在信中说的是对我过奖了，我很不敢当！

您认得的中国人民大学钱学敏教授多年来一直在研究总结我的学术思想，她有一篇"试论钱学森的科学观与方法论"[①]，见附上的《中国人体科学学会会讯》[②]，请审阅。您在编书时如有问题也可以和她讨论。

此致

敬礼！

钱学森

1997年1月9日

---

① 钱学敏"试论钱学森的科学观与方法论"连载于《中国科学报》1996年2月26日至3月22日。

② 《中国人体科学学会会讯》系中国人体科学学会的机关刊物。

38 关于"把城市及其区域作为一个开放的复杂巨系统"一文（1997年1月12日）

顾孟潮同志：

　　我近得周干峙同志在1月6～9日中国科学院组织的第68次"香山科学会议"① 上的发言稿，是把城市及其区域作为一个开放的复杂巨系统，颇有新意。敬奉上此稿供研究。

　　此致
敬礼！

钱学森

1997年1月12日

---

　　① "香山科学会议"，系中国科学院组织的最高层次的科学学术会议，因为每次在北京香山举行，故名"香山会议"。

39 关于建筑哲学是建筑科学的领头学科
（1997 年 3 月 16 日）

顾孟潮同志：

您 3 月 4 日信及附件早收到，迟复为歉！

您在《建筑学报》的文章①也读了，我一直在思考这个问题，也联系到叶树源先生的书②，但我想还是等读了您论建筑哲学的全部文章再论为宜，所以没有向您报告。建筑哲学是建筑科学这一科学技术大部门的领头学科，大家要好好思考，包括您的听讲学生。

即此，顺致

敬礼！

钱学森

1997 年 3 月 16 日

---

① 《建筑学报》的文章系指"建筑哲学概论(本体篇)"。原刊于 1997 年第 1 期。

② 系指《建筑与哲学观》一书。

40 关于要充分发挥高新技术作用
（1997 年 6 月 30 日）

顾孟潮同志：

您 6 月 25 日寄来的著作"中国当代建筑文化十年（1986～1996）记述"① 收到，谢谢！

读了您写的"建筑文化学"多篇著述②后，我心里总有那么一个问题：讲了那么多，但看不到论述科学技术进步对建筑的影响。今天的高楼大厦是用了现代科学、现代器材才能建起来的。所以我们说的"山水城市"如果不用 20 世纪、21 世纪的科学技术，就不可能实现。我国新一代建筑师们要充分发挥高新技术的可能作用啊！

此意请教。

此致

敬礼！

钱学森

1997 年 6 月 30 日

---

① "中国当代建筑文化十年（1986～1996）记述"，原载于《中国建筑业年鉴（1996）》第 250～254 页。

② "建筑文化学"多篇著述，系指顾孟潮曾先后寄钱学森指正的多篇文章："新时期中国建筑文化的特征"（1989）、"后新时期中国建筑文化的特征"（1994）、"论建筑文化学"（1990）、"建筑美学四题"（1992）等。

41 关于国家对土地及住房的管理
十分重要（1997年10月3日）

顾孟潮同志：

您9月29日信收读。我十分感谢您对我的关怀！

国家对土地及住房管理的确十分重要，它涉及人民生活，而且又与金融运转有关系，是个大问题；愿您能对此作出贡献。

多年来我已不承担"顾问"职务，所以这次《中华锦绣》画报①的要求，也请免了。未能从命，恳请谅解！

此致
敬礼！

钱学森

1997年10月3日

---

① 《中华锦绣》画报，综合科技、文化、管理内容的月刊，国家建设部主办，1997年创刊。

42 关于《中国建筑业年鉴（1996）》
（1998年3月20日）

顾孟潮同志：

您3月18日来信及此稿已读。

1.《中国建筑业年鉴（1996）》[①] 已收到，谢谢了。

2. 此件6页上的图表略有改正[②]。

此致

敬礼！

钱学森

1998年3月20日

---

①《中国建筑业年鉴》，为国家建设部主编的每年一册的综合性文献汇编。1996年《年鉴》收入钱学森1996年6月4日关于哲学、建筑和学术民主的谈话。

② 系指顾孟潮"信息科学与21世纪的建筑学"的论文的英文摘要。图表发表时已按钱学森意见改正。

43 关于"宏观建筑"与"微观建筑"
（1998 年 5 月 5 日）

顾孟潮同志、鲍世行同志：

　　鲍世行同志 4 月 10 日信早收到，近日又得顾孟潮同志 4 月 29 日信（两信都附有复制件）。拜读后，我对出书事没有什么意见，因我并不了解建筑出版界的情况，请您二位定。

　　我近日想到的一个问题是如何把建筑和城市科学统归于我们说的"建筑科学"，同时又提高山水城市概念到不只是利用自然地形，依山傍水，而是人造山和水，这才是高级的山水城市。我建议将"城市科学"改称为"宏观建筑（Macroarchitecture）"，而现在通称的"建筑"为"微观建筑（Microarchitecture）"。这是提高一步，二位以为如何？（人造山即大型建筑）

　　此致

敬礼!

钱学森

1998 年 5 月 5 日

44 关于沈福煦的文稿
（1998年8月6日）

顾孟潮同志：

　　您7月27日信及所附同济大学沈福煦教授信及文稿"中国传统的人居环境刍议"都收到。

　　我给沈教授复了信，现奉上其复制件请阅。他的文章也附上供阅用。

　　您和鲍世行同志编《山水城市与建筑科学》辛苦了，一定会有好成果！

　　此致
敬礼！

钱学森

1998年8月6日

45 关于对建筑要作为人类社会活动 来研究（1998 年 10 月 25 日）

顾孟潮同志：

您 10 月 13 日信及您的文章《重读"建筑之树"》都收到，谢谢！

我们对建筑要作为一种人类社会活动来研究，所以我主张用辩证唯物主义和历史唯物主义来指导这项工作。我同意您把 8 月 21 日的香山会议作为一个好兆头。

此致

敬礼！

钱学森

1998 年 10 月 25 日

46 关于"知识经济"应是"科技经济"
（1998年11月17日）

顾孟潮同志：

您11月12日信及附尊作都收到。谢谢！

尊作中提到"知识经济"。我认为用马列主义、毛泽东思想、邓小平理论，不宜用"知识经济"：人是要首先认识客观世界才能改造世界，而认识客观世界是知识，经济是改造客观世界，所以自古以来就是"知识经济"。今天是邓小平同志说的"科学技术是第一生产力"，所以是"科技经济"①。这里"科技"也包括社会科学，这是江泽民同志明确的。报纸上对"知识经济"说得很多，但也有不少人有不同意见。

以上请酌。

此致

敬礼！

钱学森

1998年11月17日

---

① 顾孟潮征得钱学森同意，将此信在《民主与科学》杂志上披露。

47　关于同意对 11 月 17 日信的处理
（1998 年 11 月 20 日）

顾孟潮同志：

您 11 月 19 日信及复制件都收到。

我同意您在信中提出的对我 17 日给您信的处理意见。

"山水城市"的概念尚待深入探讨，现在各种意见都是有意义的。此见当否？请教。

此致

敬礼！

钱学森
1998 年 11 月 20 日

48 关于《山水城市与建筑科学》前言^①（1998 年 12 月 6 日）

顾孟潮同志：

您 12 月 2 日信及附稿都收到。

我对《山水城市与建筑科学》的前言稿提不出什么意见。现退还原稿。

此致
敬礼!

钱学森

1998 年 12 月 6 日

---

① 此信系对顾孟潮 1998 年 12 月 2 日信及附稿的复信。附稿即《山水城市与建筑科学》一书的前言。

49 关于城市山水画^①
（1999 年 1 月 10 日）

顾孟潮同志：

您 1 月 6 日寄来的文稿"书信·民主·科学"拜读。我只是以为二位对我过奖了，我很不敢当！我祝出书成功！

近日我想到一个问题：山水城市讨论热烈，山水园林城市也有规划研究，那我们不该提倡城市山水画吗？建设部领导能不能倡导城市山水画展？请考虑。

此致
敬礼！

钱学森

1999 年 1 月 10 日

稿件附还。

---

① 此信系对顾孟潮 1 月 6 日信的答复。文稿"书信·民主·科学"为《杰出科学家钱学森论：山水城市与建筑科学》一书的跋，该书于 1999 年 6 月出版。

50 关于胡兆量函及文章^①
（1999 年 4 月 29 日）

顾孟潮同志：

 五一节即将到来，祝您节日愉快！

 附上北京大学胡兆量教授来信及讲山水城市的文章，供参阅。

 您前次来信早收到，我未当即复信，请谅！

 此致

敬礼！

钱学森

1999 年 4 月 29 日

---

 ① 此信系对顾孟潮 1999 年 2 月 24 日信的答复及对胡兆量教授"山水城市"一文的推荐。顾孟潮 2 月 24 日给钱老的信，寄去《中外书摘》1999 年 3 期所载"钱学森构想的山水城市"一文的复印件，以及《光明日报》记者彭程访顾孟潮的文章"设计好我们的城市形象"剪报和关于需要提高工业建筑科学素质等问题的材料。

51 关于“'平面立交'晚了六年”一文① (1999年5月19日)

顾孟潮同志：

您5月13日来件“'平面立交'晚了六年”等都收到，我十分感谢！待我读后如有所思，再向您报告。

此致
敬礼！

钱学森

1999年5月19日

---

① 此信系对顾孟潮1999年5月13日来信及“'平面立交'晚了六年”短文剪报的复信。顾孟潮的信中说明，他于6年前曾建议北京十字路口可采用"平面立交"方式疏解交通，而迟至1999年在北京西单和东单两处十字路口方采用平面立交方式。这种方式投资、拆房和占地面积均比立交桥方式节省许多，又能疏解南北东西四面交通。

52 关于"建立建筑科学大部门问题"项目申报^①（1999 年 5 月 22 日）

顾孟潮同志：

您 5 月 17 日来信及"建立建筑科学大部门（建构建筑科学体系与建筑哲学）问题"项目申报复制件都收到，谢谢！

对开展这个研究我是非常赞成的，祝您和朱光亚同志成功！

此致

敬礼！

钱学森

1999 年 5 月 22 日

---

① 此信是对顾孟潮 1999 年 5 月 17 日信的答复。顾孟潮的信报告他们申报建设部科研项目"建立建筑科学大部门（建构建筑科学体系与建筑哲学问题）"。该项目已获批准，该课题主持人为顾孟潮和朱光亚（东南大学建筑系教授）。

53 关于安排出书事
（1999 年 9 月 28 日）

顾孟潮同志：

您 9 月 20 日与鲍世行同志写的信及两复制件已收到。

您二位安排出书的事，我当然同意。辛苦您二位了。我对此要表示谢意！

此致

敬礼！

钱学森

1999 年 9 月 28 日

54 关于《山水城市与建筑科学》将如期出版（1999年6月9日）

顾孟潮同志、鲍世行同志：

二位6月4日信收到。

您信中提到的好消息，令人高兴，谢谢了！

此致

敬礼！

钱学森

1999年6月9日

55 关于中国人民将能建设好"山水城市"
（2000 年 11 月 7 日）

顾孟潮同志：

您 10 月 31 日信①收到。

我很高兴您和鲍世行同志赴广州开了一个高效率的会议②，并感谢您二位这些年在宣传和推动"山水城市"问题上所作的努力。目前党和国家正在制定十五规划。我相信，在 21 世纪我国城市规划和建设会有很大发展，中国人民将能建设好"山水城市"。

您在广州会议上的发言很好③。您起草的《论宏观建筑与微观建筑》一书的"前言"我同意。

祝您和鲍世行同志继续取得成功，也祝您们二位身体健康！

此致

敬礼！

钱学森

2000 年 11 月 7 日

---

① 该信向钱老简要汇报了"广州山水城市建设论坛"开会的情况。

② 系指广州山水城市建设论坛 2000 年 10 月 29 日于广州鸣泉居举行。

③ 系指顾孟潮题为"山水城市——知识经济时代(高科技时代)的城市建设模式"的发言。

56 关于《论宏观建筑与微观建筑》 一书出版（2001 年 3 月 14 日）

鲍世行、顾孟潮、涂元季同志：

　　由鲍世行同志代表您们三位就《论宏观建筑与微观建筑》一书给我的两封信和所附材料："前言"、"序"、"钱学森简历"、"关于建筑科学的大事记"、"后记"等我都看了。书的目录顾孟潮同志在去年 11 月份也送我阅过，后又经涂元季同志补充。这些材料我都同意。周干峙院士为本书所写序言很好。在此我要对您们表示感谢，并祝本书顺利出版。也请您们转达我对广州市房地产业协会和杭州出版社的谢意。

　　此致

敬礼！

钱学森

2001 年 3 月 14 日

57　关于广州山水城市建设论坛
（2000 年 10 月 20 日）

鲍世行同志、顾孟潮同志：

　　喜闻召开"广州山水城市建设论坛"①，我谨表示祝贺，祝会议成功。并请你们转达我对会议筹备委员会名誉主任吴良镛②院士和主任周干峙③院士、范以锦④总编、黄夕原⑤总经理，以及与会全体同志的敬意和问候。

　　此致

敬礼！

钱学森

2000 年 10 月 20 日

---

　　①　广州山水城市建设论坛，由中国城市科学研究会、南方日报报业集团主办，广州"山水庭苑"承办，于 2000 年 10 月 29 日在广州举行，其目的是探索山水城市理念，为广州山水城市规划的建设集思广益。

　　②　吴良镛，中国科学院院士、中国工程院院士，广州山水城市建设论坛筹备委员名誉主任。

　　③　周干峙，中国科学院院士、中国工程院院士，广州山水城市建设论坛筹备委员会主任。

　　④　范以锦，时任南主日报总编辑、广州山水城市建设论坛筹备委员会主任。

　　⑤　黄夕原，时任广州伟成房产开发有限公司总经理，广州山水城市建设论坛筹备委员会主任。

58 关于"忆钱学森同志为建筑学界改文章"①②（2000年2月29日）

老顾：

您的来信及文稿钱老看过了，有两点意见转告您：

1. 文章头几段对钱老的赞颂言重了。应改一改，说得太过了易招人反感，这是他不愿看到的③。

2. 第2、5页有两处删改，请酌④。

祝

工作顺利！

龚志刚

2000年2月29日

---

① 该信是钱学森的秘书龚志刚代笔。

② 此信系对顾孟潮2000年2月24日给钱学森信的答复。

③ 文章头几段对钱老的赞颂言发表前已作了修改。

④ 第2、5页两处删改为：一是"关照"改为"关注"，二是"他亲笔写的发言提纲"这句话中"发言"二字删除。

59 关于《城市学与山水城市》一书
（1994年1月6日）

鲍世行同志、顾孟潮同志：

您们元月2日给我的信及书的目录、前言稿①都收到，可以说是1994年开年的头件好消息！十分感谢！

我是从来不为书写序的，此戒不能开！所以我建议：

1. 前言由您二位署名；

2. 序由吴翼同志写。

这样安排我想是妥当的。请酌。

遵命奉上我近照一帧。

城市学的英译可否就直译为 Science of City Planning? 省得误解。请您二位定吧。

用 Shan-shui City 好，可以引起他们的好奇心。

我感谢您二位利用业余时间的辛勤编辑劳动！读者们要感谢你们的！

此致

敬礼！

钱学森

1994年1月6日

---

① 系指《城市学与山水城市》一书的目录和前言。

60 关于提高理论水平与培养实验技术（1961年6月30日）

天津大学材料力学教研室共青团员们：

你们在 6 月 22 日的来信中所提出的问题是很重要的问题：如何系统地提高理论水平，如何培养实验技术，这两方面都要求一定的基础：理论需要数学及数学运算的技巧，而实验技术需要测量的物理原理和实验误差的处理方法。如果这些基础还太差，就应该在这方面花些工夫；但这是说弄清楚原理原则和最基本的必需东西，而不是长年累月地打基础。有了初步基础，就可以开始理论的学习。最主要的学科是弹性力学，学的时候要注意弹性力学的理论纲要。什么是基础假设，假设的可靠程度，处理具体问题的几个典型方法等。总之，学是学概貌，不是把一点一滴都记下来，那是办不到的。有了弹性力学的理论纲要，下一步是反过来看材料力学中一些简单理论，如梁的理论，要问在什么情况下这个简单理论不够准确（例如太短的梁不能用一般梁的理论）？为什么不够准确？如何改进理论？当然，如何改进简单的理论是长期的工作，但如果知道材料力学简单理论的弱点所在，那对材料力学本身也就掌握得更深了。

要掌握实验技术就必须多做实验，而且用心去做。这是说把一个实验重复几次，再把一个数据用不同的方法去测，看看能不能得到相接近的结果。重复实验是考验实验的"偶然"误差（即对实验条件的控制），不同方法是考验实验方法本身的误差，不能得到相接近的结果时一定要研究其中原因，如何改进。

人们的认识过程是一个发现矛盾和解决矛盾的过程，要学理论就得对理论提问题，然后去解答问题。要学实验技术就得对实验技术提问题，再去解答问题。

钱学森

1961 年 6 月 30 日

61 关于长江特大洪水对山水园林城市的启示（1998年9月28日）

鲍世行同志、顾孟潮同志：

　　鲍世行同志9月16日信及附件卢伟民[①]先生的"山水人情城市——再创东方气质城市"和您二位9月21日信及《山水城市与建筑科学》目录都收到，我十分感谢！

　　我对《山水城市与建筑科学》一书目录补充稿没有意见，现将该稿奉还。

　　我现在想到一个问题：今年长江特大洪水对重庆市山水园林城市及武汉市山水园林城市的建设有没有新的启示？请酌。

　　此致
敬礼！

钱学森

1998年9月28日

---

① 卢伟民，美籍华裔著名城市规划师。

62 关于赞成在深圳召开山水城市研讨会（1998 年 11 月 10 日）

鲍世行同志、顾孟潮同志：

您二位 11 月 3 日信收到。我很赞成山水城市研讨会在深圳市召开。深圳是我国改革开放后的第一个特区，可以说是我国城市建设的一个样板，在这里召开会议讨论面向未来的"山水城市"是有重大意义的。

此外，对我个人来说，深圳是我滞留美国 20 年后，于 1955 年乘客轮横渡太平洋在九龙登陆后，走上祖国的第一城！我也记得在边界就见到五星红旗和毛主席像时的激动心情！

祝在深圳召开山水城市研讨会成功。

此致

敬礼！

钱学森

1998 年 11 月 10 日

63 关于山水城市要有理论指导
（1998 年 8 月 6 日）

沈福煦[1]教授：

您 7 月 21 日来信及尊作"中国传统的人居环境刍议"都由顾孟潮同志转来。您在信中对我过奖了，又自称为"学生"，这我很不敢当！

对中国传统的人居环境因是在封建社会，要区别达官贵人与老百姓，您在文中讲的是上层人物的居室，绝不是平民百姓家。这一点很重要。社会主义中国的人民是平等的，因此这个传统决不能照样承继下来，而是取其长，再与现代科学技术成就结合起来，成为中国的现代城市——"山水城市"，要在社会主义中国完成这一任务很不容易，要有理论指导，即我们说的建筑科学，顾孟潮同志近年来正在构筑这门科学技术，您读了他的有关著述吗？

以上所陈，谨向您请教！

此致

敬礼！

钱学森

1998 年 8 月 6 日

---

① 沈福煦，同济大学建筑系教授。

64 关于将中国传统文化与建筑科学
结合起来（2007 年 11 月 5 日）

全国建筑与文化第九次学术讨论会主席团并全体代表：

　　欣悉全国建筑与文化第九次学术讨论会在洛阳召开，我谨表示热烈祝贺。我在 20 世纪 90 年代初将中国传统文化与建筑科学结合起来，提出："社会主义中国应该建'山水城市'"的观点。据此，我完全赞成会议主题，祝大会圆满成功！

钱学森

2007 年 11 月 5 日

附录1　钱学森简介

钱学森，作为为新中国成长作出无可估量贡献的老一辈科学家团体中影响最大、功勋最为卓著的杰出代表人物，他是新中国爱国留学归国人员中最具代表性的国家建设者，是新中国历史上享有崇高威望的人民科学家。

钱学森，1911年12月出生于上海，祖籍浙江杭州。从1923年进入北京师范大学附属中学开始，他就立下了要用所学的科技知识报效国家志向。1929年，他考入上海交通大学机械工程系学习机车制造专业，后来，受到淞沪抗战中中国军队航空力量太弱的刺激，他决心改变自己的专业方向，努力掌握飞机制造的尖端技术。

1934年，钱学森考取清华大学公费留学生，次年9月进入美国马萨诸塞理工学院航空系学习，两年后，他转入美国加利福尼亚理工学院航空系，师从世界著名空气动力学教授冯·卡门，先后获得航空工程硕士学位和航空、数学博士学位。

1938～1955年，钱学森在美国从事空气动力学、固体力学和火箭、导弹等领域研究，并与导师共同完成高速空气动力学问题研究课题和建立"卡门—钱近似"公式，在28岁时就成为世界知名的空气动力学家。

尽管在美国有着优厚的工作和生活待遇，然而，功成名就的钱学森却始终关心着祖国的发展。1955年10月，钱学森终于冲破重重阻力回到祖国。回国后，他和钱伟长合作筹建中国科学院力学研究所，并出任该所首任所长。不久后，他就全面投入到中国的火箭和导弹研制的工作中。

1956年初，钱学森向中共中央、国务院提出《建立我国国防航空工业的意见书》。在《意见书》中，他对发展我国的导弹事业提出了长远规划。同年，国务院、中央军委根据他的建议，成立了导弹、航空科学研究的领导机构——航空工业委员会，并任命他为委员。

也在这一年，钱学森受命组建中国第一个火箭、导弹研究机构——国防部第五研究院，并担任首任院长。

从那时开始，钱学森长期担任火箭导弹和航天器研制的技术领导职务，以他在总体、动力、制导、气动力、结构、材料、计算机、质量控制和科技管理等领域的丰富知识，对中国火箭、导弹和航天事业的发展作出了重大贡献，赢得了"中国航天之父"的美誉。

他主持完成了"喷气和火箭技术的建立"规划，参与了近程导弹、中近程导弹和中国第一颗人造地球卫星的研制，直接领导了用中近程导弹运载原子弹的"两弹结合"试验，参与制定了中国第一个星际航空的发展规划，发展建立了工程控制论和系统学等。

钱学森是举世公认的人类航天科技的重要开创者和主要奠基人之一，是工程控制论的创始人，是 20 世纪应用数学和应用力学领域的领袖人物，被称为中国近代力学和系统工程理论与应用研究的奠基人。他在空气动力学、航空工程、喷气推进、工程控制论、物理力学等技术科学领域作出了开创性贡献。

钱学森是中国科学院院士、中国工程院院士、曾获中科院自然科学奖一等奖、国家科技进步奖特等奖、小罗克韦尔奖章和世界级科学与工程名人称号，被国务院、中央军委授予"国家杰出贡献科学家"荣誉称号，获中共中央、国务院、中央军委颁发的"两弹一星"功勋奖章。

在毕生实践着科学报国信念的奋斗历程中，钱学森淡泊名利，人品高洁，充分展现出一位科学大师的高尚风范。他说："我作为一名中国的科技工作者，活着的目的就是要为人民服务。如果人民最后对我一生所做的工作表示满意的话，那才是对我最高的奖赏。"

2009 年 10 月 31 日，这位被誉为人民科学家的科学巨擘走完 98 年的人生历程，溘然长逝。

附录 2 钱学森与建筑科学大事记

● 1954 年，钱学森著《工程控制论》（英文版）出版。

● 1955 年 10 月 8 日，钱学森回国。

● 1955 年，钱学森提出开展运筹学研究的设想。

● 1956 年，钱学森《论技术科学》一文发表，阐述了科学的三个层次。

● 1956 年 5 月 10 日，钱学森受命组建我国第一个火箭、导弹研究院——国防部第五研究院，担任首任院长，成为中国航天事业发起人、奠基人。

● 1958 年 3 月 1 日，《人民日报》发表钱学森《不到园林，怎知春色如许——谈园林学》文章。该文指出："我国的园林设计比建筑设计更带有综合性"，"我国的园林学是祖国文化遗产里的一颗明珠"，"在新的社会、新的环境、新的时代……把园林学的内容更加丰富起来"，"应该更广泛地和更深刻地来考虑发展我国园林学的问题"。

● 1960 年，根据钱学森创议，中国科学院成立运筹所，运筹学正式在中国创立。

● 1963 年 11 月，钱学森在论述科学技术的组织管理工作时阐明，现代科学技术的特点之一是分工细、专业多和研究工具的复杂化、大型化。他指出，在组织管理工作中应充分利用现代科学技术的成果。

● 1979 年 10 月，钱学森在《大力发展系统工程，尽早建立系统科学体系》一文中，建立了从马克思主义哲学，经自然辩证法和社会辩证法（历史唯物主义）到自然科学、数学、社会科学，再到技术科学，最后是工程技术的五个层次的现代科学技术体系的雏形。还提出十四门系统工程专业及相应的专业的特有学科基础，把工程系统工程、环境系统工程纳入他的科学技术体系。

● 1980 年 1 月 20 日，钱学森发表《谈园林艺术》一文，此文提出中国园林的六个层次，即盆景艺术—窗景—庭院园林—公园—风景区—大风景游览区。

● 1980 年，钱学森创导的中国系统工程学会成立。

● 1982 年 3 月，1983 年 3 月 3 日，1983 年 3 月 28 日，钱学森先后三次论述"现代科学的结构——再论科学技术体系学"，提出现代科学技术体系六大部门的学说，六大部门即自然科学、社会科学、数学科学、系统科学、思维科学、人体科学。

● 1982 年第 5 期《艺术世界》载钱学森《我看文艺学》一文，该文说，"我想文学艺术也有六大部门"，建筑艺术是其中的一个文学艺术大部门，"我想这不宜只包含土木构筑，还应把环境包括在内，也就是园林艺术，它们本来是一个整体，不能分割"。

● 1982 年 11 月 2 日，钱学森在中共中央党校作"研究和创立社会主义现代化建设的科学"讲座时，强调"环境管理是国家的一个重要功能"，"环境管理非常重要，工作也很复杂、艰巨，是一次复杂的系统工程技术——环境系统工程技术"。

● 1983 年，钱学森提出："我国需要建立国民经济和社会发展的总体设计部。"

● 1983 年 6 月出版的《园林与花卉》（1983 年 1 期）发表了钱学森《再谈园林学》一文。

● 1983 年 12 月 7 日，钱学森发表《园林艺术是我国创立的独特艺术部门》（《城市规划》1984 年 1 月），文中系统地论述了中国园林的不同的观赏尺度和层次，明确了中国园林是景观、园技、园艺三个方面的综合，经过扬弃，达到高一级的艺术产物，从理论上阐明了中国园林何以堪称"世界园林之母"。

● 1984 年第 1 期《技术美学丛刊》中发表了钱学森《对技术美学和美学的一点认识》一文，该文讲到建立马克思主义的、科学的美学，要开展三个方面的工作：一是从部门艺术美学中提炼；二是从思维科学以至人体科学吸取营养；三是从文艺学，特别是从社会主义文艺学中找美的社会实践规律。

● 1984 年 2 月 14 日，钱学森在一次题为"生态经济学必须关心长远的环境"讲话中，认为："真正关心我们的生活环境，只讲生物圈，讲人与生物圈，概念似乎不很确切。""要考虑的问题，是整个地球的表层。""研究生态经济学，我们要考虑现在和子孙后代，就是要考虑资源怎么不断为人类利用，做到永续利用的问题。"

● 1984 年 11 月 21 日，在《新建筑》1985 年 1 期上，钱学森发表致《新建筑》编辑部的信，题目为《为了 2000 年，我想到的两件事》，其中"第二件事是构建园林式的城市"。信中还介绍了在市区发展立体农业的情况。

● 1985 年 4 月 17 日，中国科协在北京召开了"全国交叉科学讨论"，钱学森出席了讨论会，出席会议的还有钱三强、钱伟长、马洪等著名专家。

● 1985 年 5 月 17 日，钱学森在《交叉学科：理论和研究的展望》一文中指出："所谓交叉学科是指自然科学和社会科学相互交叉地带生长出的一系列新生学科。有些人对交叉学科是有看法的，好像交叉学科总有点不正规。其实，就是一般公认的那些所谓正规学科也是交叉的，也是既有自然科学又有社会科学。""各学科部门之间是不是有交叉？显然是有的。因为人类的知识、现代的科学是一个整体。如果说到九个科学的实际应用，那其中交叉就是更甚了，所以，交叉学科的发展是历史的必然，具有强大的生命力。"

● 1985 年 8 月，钱学森发表《关于建立城市学的设想》，他说："我觉得要解决当前复杂的城市问题，首先得明确一个指导思想——理论。"有了城市学，城市的发展规划就可以有根据了。"建立从城市规划—城市学—数量地理学这样一个城市的科学体系。"

● 1985 年 9 月 23 日，钱学森就曾指出："……我讲的九大部门、九架桥梁和一个马克思主义哲学最高概括。这就是现代科学技术。一切不能纳入这个体系的知识就不能算是现代意义上的科学。"又说："我们也要清楚地认识到：不能纳入现代科学技术体系的知识是很多很多的，一切从实际总结出来的经验，即经过整理的材料，都属于这一大类。我称之为'前科学'，即待进入科学技术体系的知识。""科学技术的体系绝不是一成不变的，马克思主义哲学也在不断充实、发展、深化……人认识客观世界的过程：实践—前科学—科学技术体系。所以我们绝不能轻视前科学（经验科学），没有它就没有科学的进步；但也决不能满足于经验总结出来的科学而沾沾自喜，看不到科学技术体系还要改造和深化，因此要研究如何使前科学进入科学技术体系。"

● 1986 年 1 期《文艺研究》载钱学森《关于马克思主义哲学和文艺学美学方法论的几个问题》的文章，他说：我不大赞成所谓"交叉科学"这个概念。所有学科都是交叉的，相互联系的。我也不赞成"边缘科学"的说法。有边缘，还有中心呢。你就是中心，他就是边缘？任何一门学科都是根据实际需要建立的。有的是老的，有的是新的。老的也可能经过换装变成新的。总之，各个科学部门是个整体。

● 1988 年，钱学森作题为《社会主义建设的总体设计部——党和国家的咨询服务工作单位》的学术报告。

● 1988 年 9 期，《求是》杂志刊载钱学森与孙凯飞的文章《建立意识的社会形态的科学体系》，文章最后指出，研究意识的社会形态的科学体系，在宏观高度上总览全局的精神文明学。下面分两大部分，研究思想建设的行为科学，研究文化建设的文化科学。这就不只是一门学问，而是科学的一个部门。在文化科学中，综合全局的是文化学，作为文化学基础的有教育、科技、文艺、建筑园林、广播电视、新闻出版、体育、图书馆博物馆（展览馆科技馆等）、旅游、花鸟虫鱼、美食、群众团体和宗教十三个方面的学问。

● 1990 年，钱学森提出开放的复杂系统概念，把系统分为简单系统和复杂系统，小系统和巨系统，提出研究开放的复杂巨系统的方法，应是定性定量相结合的综合集成方法。因为，"在科学发展的历史上，一切以定量研究为主要方法的科学，曾被称为'精密科学'，而以思辨方法和定性描述为主的科学则被称为'描述科学'。自然科学属于'精密科学'，而社会科学则属于'描述科学'。"

● 1990 年 7 月 31 日，钱学森在给吴良镛的信中提出能否创立"山水城市"的概念。信中说："能不能把中国的山水诗词、中国古典园林建筑和中国的山水画融合在一起，创立'山水城市'的概念？人离开自然又要返回自然。社会主义的中国，能建造山水城市式的居民区。"在此信中，"山水城市"的概念首次见诸文字。

● 1991 年 4 月 27 日，继 1985 年 4 期《城市规划》刊钱学森《关于建立城市学的设想》一文后，钱学森在给鲍世行的信中，再次谈建立城市学的问题。

● 1991 年，钱学森向政治局常委作"关于建立国家总体设计部体系"的汇报。

● 1991 年 12 月 16 日，钱学森给梅保华的信中，再次谈建立城市学问题。

● 1992 年 3 月 14 日，钱学森给吴翼写信，提出把一个现代化城市建成一大座园林的想法。信中说，"在社会主义中国有没有可能发扬光大祖国传统园林，把一个现代化城市建成一大座园林？"

● 1992 年 8 月 14 日，钱学森给王仲的信，提出开创一种以中国社会主义城市建筑为题材的"城市山水"画，促进现代中国的"山水城市"建设。

● 1992 年 10 月 2 日，钱学森给顾孟潮的信，提出把整个城市建成一座超大型园林即山水城市的问题，并建议以此为题，开个山水城市讨论会。

● 1993 年 2 月 27 日，根据钱学森建议，中国城市科学研究会、中国城市规划学会、中建文协环境艺术委员会，联合召开了"山水城市"讨论会。会上宣读了钱学森的书面发言"社会主义中国应该建山水城市"。由此开始一场研讨山水城市构想的热潮。

● 1994 年 4 月，上海《文汇报》辟专栏讨论"中国应建山水城市"。

● 1994 年 9 月，鲍世行、顾孟潮主编的《杰出科学家钱学森论：城市学与山水城市》一书由中国建筑工业出版社出版，全书33 万字。

● 1994 年 10 月 19 日，在钱学森的提议下，"立交桥——现代城市一景"座谈会由中国城市科学研究会、中国城市规划学会和中国园林学会联合主办，在北京召开。会后，钱学森来信说："'立交桥——现代城市一景'座谈会，由周干峙院士主持，开得很成功！引起专家们的认真议论实一幸事。"

● 1994 年 12 月，人民出版社出版钱学森著《科学的艺术与艺术的科学》一书，"社会主义中国应该建山水城市""不到园林，怎知春色如许——谈园林学"、"园林艺术是我国创立的独特艺术部门"等文章收入此书。

●1995年3月16日，中国城市科学研究会在京召开"轿车与城市发展"学术讨论会。钱学森来信说："我近见报纸上对'轿车文明'有热烈讨论，我读后也颇有感慨！""但这是城市学的一个大课题，您的研究会不该考虑吗？"这次讨论会就是根据他的意见召开的。会后《瞭望》1995年18期报道了讨论会。

●1996年3月28日，重庆市城市科学研究会召开"创建山水园林城市学术研讨会"。钱学森在给重庆市城市科学研究会秘书长的信中说：重庆市开展建设重庆市山水园林城市的研究工作，这在我国是有始创性的！建"山水城市"将是社会主义中国的世纪性创造。

●1996年5月，鲍世行、顾孟潮主编的《杰出科学家钱学森论：城市学与山水城市》(第二版)由中国建筑工业出版社出版。该书设增补篇，比首版增加20余万字。

●1996年6月4日，钱学森会见鲍世行、顾孟潮、吴小亚，就哲学、建筑、民主讲了一些意见。钱学森提出，要坚定不移地用马克思主义哲学指导我们的工作，建议建立一个大科学部门——建筑科学，强调学术民主非常重要。

●1996年6月20日，中国建筑工业出版社组织了《杰出科学家钱学森论：城市学与山水城市》再版发行座谈会。邀集在京的中央和地方有关领导、专家和主要新闻单位进行座谈。建设部侯捷部长到会讲话，祝贺这一重要科学著作的再版问世。

●1996年6月，由湖南大学等29个单位共同发起的"建筑与文化"国际研讨会在长沙举行。会议把山水城市作为讨论的主题之一。钱学森对这次会议很重视，他在一封信中说：1996年6月将举行的"建筑与文化国际学术讨论会"是一次有重要意义的会议。会上传达了钱学森1996年6月4日的讲话。

●1996年10月，中国城市规划学会风景环境规划学术委员会在成都举行以"山水城市和风景区规划"为主题的年会。会上传达了钱学森 1996 年 6 月 4 日的讲话。

● 1997 年 11 月，中国城市规划学会风景环境规划学术委员会在厦门举行以"山水城市与城市山水"为主题的年会。

● 1998 年 3 月，武汉市城市规划设计院编制了《创建山水园林城市综合规划纲要》(1998～2002)，并与《长江日报·长江周末》举行"山水园林城市"专家研讨会。

● 1998 年 4 月 25 日，《中国环境报》整版刊发有关山水城市、园林城市的报道。据统计，1992～1997 年已获国家园林城市称号的城市有 12 个：北京、合肥、珠海(1992 年)，深圳(1994 年)，中山、威海、马鞍山(1996 年)，大连、南京、厦门、南宁(1997 年)。

● 1998 年 5 月 5 日，钱学森给顾孟潮、鲍世行的信中说，"我近日想到的一个问题是如何把建筑和城市科学统归于我们说的'建筑科学'，同时又提高山水城市概念到不只是利用自然地形，依山傍水，而是人造山和水，这才是高级的山水城市。我建议将'城市科学'改称为'宏观建筑(Macroarchitecture)'，而现在通称的'建筑'为'微观建筑(Microarchitecture)'。这是提高一步，二位以为如何？（人造山即大型建筑）"

● 1998 年 8 月 12 日，钱学森给鲍世行的信中提出：要用马克思主义哲学的观点来考察我国的城市科学与建筑科学，并且认为新中国成立后城市发展的第一步是园林城市，现在计划设计中的是第二步——山水园林城市，第三步是山水城市。

● 1998 年 10 月，自贡市完成了《建设自贡山水城市研究》课题。

● 1999 年 1 月，陇海兰新城市建设联合会与郑州城市科学研究会编的《钱学森论山水城市》出版，全书共 6 万字。

● 1999 年 6 月，鲍世行、顾孟潮主编的《杰出科学家钱学森论：山水城市与建筑科学》一书，由中国建筑工业出版社出版，全书 95 万字。

● 2000 年 8 月，在成都举行的"建筑与文化"学术研讨会(第五次)，以"山水城市"作为会议的主题。

● 2000 年 10 月 29 日，"广州山水城市建设论坛"在广州举行。

钱学森给论坛发来贺信。国内一批城市规划专家、建筑学家、社会学家、经济学家、环境及生态园林专家，围绕广州山水城市建设的主题进行研讨，为政府科学决策提供参考。两院院士吴良镛、周干峙，在穗的中国工程院院士莫伯治、容柏生、何镜堂等均在大会上发言。这次论坛由南方日报报业集团和中国城市科学研究会主办。

● 2000 年 12 月，广州市房地产业协会、房地产学会在广州举行以"山水城市·山水楼盘与广州房地产业发展"为主题的年会，探讨山水城市与房地产开发结合的问题。

附录3 钱学森论建筑科学参考文献

1 《论系统工程》，1982 年，湖南科学技术出版社

2 《关于思维科学》，1986 年，上海人民出版社

3 《社会主义现代化建设的科学和系统工程》，1987 年，中共中央党校出版社

4 《论系统工程》（增订版），1988 年，湖南科学技术出版社

5 《论地理科学》，1994 年，浙江教育出版社

6 《城市学与山水城市》，1994 年，中国建筑工业出版社

7 《科学的艺术与艺术的科学》，1994 年，人民文学出版社

8 《城市学与山水城市》（第 2 版）1994 年，中国建筑工业出版社

9 《人体科学与现代科技发展纵横观》，1996 年，人民出版社

10 《山水城市与建筑科学》，1999 年，中国建筑工业出版社

11 《论宏观建筑与微观建筑》，2001 年，杭州出版社

12 《钱学森系统科学思想文库》（四卷本），2005 年，上海交通大学出版社

13 《钱学森书信》（十卷本），2007 年，国防工业出版社

14 《钱学森书信选》（两卷本），2008 年，国防工业出版社

15 《钱学森讲谈录——哲学、科学、艺术》，2009 年，九州出版社

16 《钱学森建筑科学思想探微》，2009 年，中国建筑工业出版社

17 《钱学森论山水城市》，2010 年，中国建筑工业出版社

18 《钱学森论建筑科学》，2010 年，中国建筑工业出版社

19 《钱学森年谱》（初编），2011 年，西安交通大学出版社

20 《钱学森》（大字本），2012 年，上海交通大学出版社

21 《钱学森论建筑科学》（第 2 版），2013 年，中国建筑工业出版社

附录4　钱学森有关建筑科学文章篇目

1　《从自己的业务中学习科学》，《科学大众》1956年10月

2　《论技术科学》，《科学通报》1957年第3期

3　《大规模的科学实验工作》，《人民日报》1964年8月30日

4　《科学学、科学界体系、马克思主义哲学》，《哲学研究》1979年第1期

5　《大力发展系统工程，尽早建立系统科学的体系》，《光明日报》1979年11月10日

6　《要尽快建立和发展马克思主义科学学》，《人民日报》1980年5月28日

7　《从社会科学到社会技术》，《文汇报》1980年9月2日

8　《现代科学的结构——再论科学技术体系》，《哲学研究》1982年第3期

9　《要加强"大战略"的研究》，《世界科学》1984年第1期

10　《论技术美学问题》，1984年3月12日致函涂武生

11　《论我国的大战略》，《团结报》1984年8月24日

12　《开展思维科学的研究》，《大自然探索》1985年第2期

13　《关于城市学专业课设置》1985年8月6日致函程鑫

14　《讲"知识经济"实际是讲科学技术是第一生产力》，1997年7月28日致王寿云等六同志函

15　《关于知识经济》，1999年2月7日致钱学敏函

第一版后记

钱学森，科学领域百年难遇的大科学家，20世纪的科学巨匠，大科学时代众多科学技术领域公认的领军奇才。他不仅在航天、航空、火箭等高科技领域作出了杰出的贡献，在建筑科学领域他也同样颇有建树，为建筑科学作出了开拓型的贡献。

是不是可以这样说，恩格斯的自然辩证法为科学发展奠定了哲学理论基础，而钱学森的科学思想则为世界贡献了一个现代科学技术体系。

钱学森在建筑科学领域的建筑科学思想以及开拓性的理论贡献，笔者将其归纳为五个方面，即：钱学森建筑科学定位理论、钱学森建筑哲学定位理论、钱学森建立园林学理论、钱学森建立城市学理论、钱学森建设山水城市理论。

针对建筑科学滞后的现状，钱学森说，要迅速建立建筑科学这一现代科学技术大部门，用马克思主义哲学为指导，以求达到豁然开朗的境地。这是社会主义中国建筑界、城市科学界不可推卸的责任。他呼吁："现代科学技术体系中再加一个新的大部门，第十一个大部门：建筑科学。"

钱学森为建筑科学"定位"，大大提高了建筑科学的学科地位，他把建筑科学置于现代科学技术体系的全体之中，从现代科学技术体系的全局来理解建筑科学。他强调科学是个整体，它们之间是互相联系的，而不是互相分割的。这样，建筑科学就不再是一个孤立的、与其他大部门割裂的部门。可以广泛地吸取其他大部门的学术营养，促进建筑科学这个大部门的发展，使建筑科学成为一门生机勃勃的学科。

在建筑理论上，钱学森确立了建筑哲学在建筑科学体系中的领头地位，他认为真正的建筑哲学应该研究建筑与人、建筑与社会的关系。

钱学森还明确地把建筑科学总体概括为"宏观建筑"(Macro-architecture)与"微观建筑"(Microarthtecture)两个概念，这是建筑科学体系整体建构的理论基础。

钱学森界定了中国园林艺术是 landscape、gardening、horti-culture 三个方面的综合。

钱学森详细阐述建立城市科学的领头学科——城市学的必要性和紧迫性。

钱学森构想了一个未来城市发展模式——山水城市供大家思考。

总之，在钱学森的建筑科学思想中，明确地为建筑科学大部门定位，为建筑科学体系定位，为建筑科学贡献了一种未来城市发展模式——山水城市，为建筑科学确立了三个领头学科——建筑哲学、城市学和园林学。

分析钱学森的建筑科学思想可以看到，建筑哲学、城市学和园林学，这三者是钱学森为建筑科学大部门定位的三大理论基石。认识和把握这三大理论基石，认识和把握钱学森建筑科学体系的整体构思，是达到钱学森所说的"对建筑科学认识的豁然开朗的境界"的前提。

钱学森的建筑科学思想具有非凡的理论价值与实践意义：

（1）他强调发展建筑科学改进建筑业现状总的指导思想是马克思主义哲学的唯物论辩证法。

（2）他明确指出发展科学、推动实践活动的科学总方法和总对策是把还原论与整体论结合起来，采用大成智慧工程的现代方法。

（3）他制作的对现代科学技术理论发展具有奠基意义的总的框架体系，目前总共包括十一个大部门，划分为基础理论、技术科学、工程技术三个层次，提示我们不要只是就技术论技术，限于技术细节之中，不能见树不见林。

（4）钱学森主张建立现有学科的领头学科，如城市科学中的城市学、建筑科学中的建筑哲学、园林艺术中的园林学，发挥领头学科对学科的理论创新（源头创新）带头作用。

（5）钱学森提出建筑科学中的两个总概念——宏观建筑（城市）与微观建筑（建筑），有助于改变长期徘徊停滞不前的局面，从而推动建筑科学整体向前发展。

钱学森建筑科学发展观是他潜心研究、吸收前人积累的理论成果、总结前人实践经验凝聚而成的。他认为，建筑科学是一个具有复杂性、开放性和大科学部门性质的复杂巨系统（Open Complex Giant System），研究建筑科学不能只用还原论的思想，而是要用把还原论和整体论相结合的系统论的思想来研究。

笔者认为，钱学森运用开放的复杂巨系统思想，提出从定性到定量、综合研讨的大成智慧工程方法是解开建筑科学研究的金钥匙。研究这一系统思想，是研究钱学森建筑科学发展观的思想源头，也是我们研究建筑科学开源、发流、探微、创新的思想源头。

2010年10月31日，是钱学森同志逝世1周年纪念日。10月，北京将召开钱学森学术思想研讨会。掀起学习钱学森科学思想的热潮。为了深入学习钱学森同志有关建筑科学的学术思想，作为钱学森科学思想长期的受益者，深深感到有责任和义务以实际行动纪念钱学森同志，所以在今年盛夏三伏的煎熬下努力完成了这部相对比较集中完整地展现钱老有关建筑科学精辟深刻论述的集子。

编著此书借助了诸多学者同仁的研究成果，无法一一列名，只好一并致以衷心的感谢。在成书前后受到总装备部苏有通同志、中国建筑工业出版社副编审吴宇江的启发和具体帮助，在此再次表示感谢。

顾孟潮

2010年8月13日北京

钱学森关于建筑科学与我的通信
——《钱学森论建筑科学》（第二版）后记

钱学森书信是钱学森科学遗产中的珍品。自 1986 年至 2007 年，在我的请教下，我有幸收到钱老的书信数十封，现保存完整 64 封。

其中有他对建立城市学，建立园林学，建设山水城市等建筑高深理论的独到见解；有他关于建立建筑科学大部门，将建筑科学上升到新的理论层面的精辟论述；有他呼吁在高校建筑专业开设建筑哲学理论课的殷切建议等等，体现出钱学森的科学思想、科学精神、科学方法和学术民主意识。

阅读这些珍贵的书信，使我终身受益。

钱学森说，"建筑是科学的艺术，也是艺术的科学。所以搞建筑是了不起的，这是伟大的任务。我们中国人要把这个搞清楚了，也是对人类的贡献。"

我们该以怎样的行动回答钱老对建筑界的期望呢？这是我经常思考的问题。

拙著《钱学森论建筑科学》初版未能及时收入钱老这些珍贵的书信，趁此书增订终于补上了，了却我一件心事，为此特别感谢中国建筑工业出版社的理解和支持，感谢王莉慧副总编辑、吴宇江编审。

顾孟潮
2014 年 8 月 13 日改订于北京